臺中榮民總醫院教學部師資培育科科主任&
兒童醫學部新生兒科主治醫師
台灣母乳哺育聯合學會榮譽理事長

陳昭惠 ◎著

最新
修訂版

母乳最好！

愛孩子也愛自己，共享生命最美好的哺育時光

感　謝

我最親愛的陪伴者，史哲、怡萍及怡玟，一路在旁接受並支持我對任何議題一頭栽入時的狂熱，相對於生活事務的散漫。

國際母乳會的戴瑪利師母，引領我進入這一個浩瀚的領域。我的老師，遲副院長，在我當年進入這個非兒童神經科領域時，仍給我持續的支持。美國波士頓兒童醫院海蒂萊絲奧斯教授，讓我了解更細膩地觀察嬰幼兒的行為語言，了解他們的需求。還有這一路相伴，從最開始的五人小組，到如今散佈於全世界支持哺乳的夥伴們，無法一一細數，在此一併致謝。

更重要的是，所有養育小寶貝的家長／家庭，你們才是真正的主角。

母乳，寶寶最好的食物

幾年前，我收到一本由當時台灣省婦幼衛生研究所印製的《幫助母親哺育母乳》一書，在這本翻譯書裡，還附著三張譯者陳昭惠醫師寫的滿滿的信紙，那是我第一次認識陳昭惠醫師。我還記得她在信中提及在台灣推展母乳哺育工作時的無力感，然而我也可以感覺到她在這件工作上的熱忱及積極。

身為小兒科醫師，我們知道母乳是寶寶最好的食物，但是能夠積極鼓勵母親哺育母乳的醫師，顯然是不夠多。衛生署這幾年來不斷從各方面鼓勵大家哺育母乳，包括母乳哺育指導員的訓練、公共場所廣設哺乳室等。

2000 年，台北市首先開始正式推廣「母嬰親善醫院」評鑑，2001 年我們更有婦產科醫學會的參與，開始全國的母嬰親善醫院評鑑；讓婦產科醫師從產前開始到生產後鼓勵母親哺育母乳，這也是哺乳推展過程中一個重要的進展。

母親們在出院後，尤其是回到社會及職場時，仍能接受到適當的支持以持續哺育母乳，則是我們仍待努力的部分。在這些過程中，陳昭惠醫師一直是提供相關資訊，並且積極參與的重要人物。

從當初的無力感，到現在有出版社正式出版她的母乳哺育專書《母乳最好》，這分堅持與執著令我十分感動。一位好的醫師不再只是治療病人的疾病而已，而是能夠關心整個生命，從預防保健的根本開始做起。

我非常希望有更多的醫師參與這樣的工作，讓所有的國民都能得到最正確的保健知識，讓我們的下一代都能得到最好的食物——母乳。

文／馬偕兒童醫院榮譽主治醫師、

前馬偕紀念醫院副院長　黃富源

讓寶寶享受偉大的母愛精華

　　母乳是寶寶最好的食物，研究文獻早已證實，母乳哺育對寶寶本身及其母親、家庭的好處。近年來，政府衛生主管單位、台灣兒科醫學會及兒童保健協會等，一直不斷地努力推展母乳哺育。國內外許多嬰兒營養諮詢中心相繼成立，也以推展母乳哺育為首要工作目標。

　　經過這幾年來的努力，以母乳哺育寶寶的確有明顯增加；但是，能順利並持續以母乳哺育超過 4 至 6 個月的仍然不多。追究其原因，除了媽媽須上班工作的因素之外，很多母親不知道如何以母乳哺育寶寶，在哺乳過程中遇到困難問題時，無法獲得適當的幫助，都是無法持續以母乳哺育的重要原因。

　　陳昭惠醫師是台灣最積極參與推廣母乳哺育工作的兒科醫師，多年來協助母親無數，現在她將最新的母乳哺育知識及技巧，及多年來實際協助母親的經驗，以深入淺出的文字配上清晰的插圖，撰寫成《母乳最好》，讓即將為人父母者，可以很清楚地了解母乳哺育的相關資訊，彌足珍貴。

　　從產前的準備、產後正確且舒適的哺乳，乃至母親上班後的持續哺乳，皆有詳盡的介紹。而且對父母們常遇到的問題，如：嬰兒黃疸、哭鬧、不吃奶或是母親奶水不夠、服用藥物等狀況等，也都有詳細的解說及處理方法。

　　這本《母乳最好》，不僅是每個家庭的醫療寶典，對於實際從事推展母乳哺育的工作人員來說，也是最好的參考書籍。

　　相信藉由本書的推廣，可讓普天下所有的新生寶寶，都能順利直接地享受到偉大的母愛精華──母乳。

文 / 童綜合醫院心臟醫學中心執行長、

前台北市立聯合醫院忠孝院區院長　黃碧桃

給嬰兒最好的權利 ── 哺餵母乳

母乳是上天賜給嬰兒最美好的食物，它最好消化吸收利用，含有免疫物質，可幫助嬰兒抵抗疾病，又可避免牛奶蛋白過敏所造成的傷害。它不但經濟實惠、方便又衛生安全。

母親與嬰兒藉著哺乳，不僅可增進彼此的感情，更可幫助母親子宮收縮、避孕，甚至減少乳癌的產生。這是大自然賜給人類嬰兒的權利，也是母親應享的權利及應盡的義務。

隨著時代的改變，嬰兒奶粉製造的進步及過度宣導，以及母親就業率的提高，台灣的母親們逐漸忘記了母乳的好處，以致在一個月的嬰兒純母乳哺育率由早年的 90％降至 5％至 6％，嬰兒奶粉與母乳混合哺乳率降至 20％至 25％。

反觀歐美及日本等先進國家，雖也曾經歷類似的低哺乳率階段，但是在熱心人士大力推動下，母乳的好處又逐漸為社會大眾所接受，以致又回升至早年的高母乳哺育率的情形。身為小兒科醫師及為人父母者，應時時提醒自己，我們是嬰兒權益的保護者。

十年前衛生署開始將提高母乳哺育率作為重要的工作目標，許多社會團體亦投入母乳哺育的宣導工作。1993 年 3 月 1 日開始，嬰兒奶粉及較大嬰兒奶粉廣告亦自大眾傳播媒體消失了。

很高興也很感謝陳昭惠醫師，她不但熱心參與提升母乳哺育的工作，更爲社會大眾寫了一本很好的書《母乳最好》。這本書爲母親及嬰兒的家人，以及醫護人員提供了有關母乳哺育相當豐富的知識及諮詢的資料，使初次哺乳的母親及家人也能知道如何準備哺育母乳，及如何面對最常見的問題。

　　回顧本書初版至今轉眼已近十年，母乳哺育的風氣已逐漸形成。此次本書修訂改版，很感謝作者將內容更加充實。本書是哺乳母親的良伴，希望藉此使更多的媽媽們以母乳哺育自己的寶寶。

文／臺大醫院小兒科教授、

中央研究院院士 張美惠

母乳是哺育新生兒、嬰兒的最好食品

母乳是哺育新生兒、嬰兒的最好食品。歐、美、日本等先進國家都大力提倡以母乳哺育嬰兒。縱使住在新生兒加護病房的早產兒也鼓勵以母乳來哺育。近年來政府也積極鼓勵以母乳哺育嬰兒，而且有許多配套措施，例如，彈性給予母親產假，在各公共場所鼓勵廣設母親哺乳室，各醫院評鑑時，母乳哺育的比例，也是評鑑重點之一。

雖然大家都知道母乳的好處，但台灣以母乳哺育嬰兒的比例仍然不是很高，一方面是由於嬰兒奶粉廠商的大力推銷，另一方面是社會對以母乳哺育嬰兒還未形成一致的共識。男醫師或年輕醫師們都知道以母乳哺育嬰兒的好處，但終究自己未當過媽媽，所以對許多哺育母乳的細節並不很清楚。

本書作者陳昭惠醫師，是台中榮總兒童醫學部新生兒科主任，多年來即大力提倡以母乳哺育嬰兒，由於自己已為人母，曾以母乳哺育過嬰兒且照顧新生兒多年，所以累積哺育母乳的經驗及知識非常豐富。

陳醫師又熱心於與國際提倡哺育母乳人士聯繫，並參與國際母乳會台灣分會的活動，大力倡導以母乳哺育嬰兒，近年來成效非凡、社會各界人士都普遍體會到哺育母乳的重要性。對於醫護人員或初為人母的媽媽來說，本書提供了相當豐富的知識及諮詢資料，讓初為人母者都能成功地哺育母乳。

近年來哺育母乳方面的知識也有了更新的資料，陳昭惠醫師充實並更新資料寫成新版的書《母乳最好》，相信此書必能使全國母親、嬰兒、醫護人員受惠，使全國新生兒、嬰兒更健康。

文／中山大學醫學系教授、

前中山醫學大學校長　陳家玉

喝「母乳牌」的孩子最幸福

　　記得從當上小兒科醫師開始，每次門診幾乎都會遇到一些初為人母、愛子女心切的年輕媽媽，鄭重其事的問：「哪一種廠牌奶粉最好？」「聽說男孩要吃某牌的奶粉才會長得壯，女孩要吃某牌的奶粉才會皮膚漂亮！」十幾年來這些問題不斷重複在門診出現，雖然費盡口舌向他們推薦鼓勵使用母乳，但大多數母親都會搬出許多理由來解釋不能哺育母乳的原因。

　　近幾年來，由於台灣一些哺育子女的正確觀念，不斷地經由各種資訊管道傳達出來，年輕的媽媽已不再懼怕哺育母乳會影響身材，而使得哺育母乳的人數逐漸提高，提升了新生兒的健康品質，也減輕了一些年輕家長的經濟負擔（每個月可省下數千元的奶粉支出）。

　　在台灣整個推廣母乳運動中，陳昭惠醫師可說是先驅，她雖是一位工作繁忙的女醫師，卻能以實際行動參與母乳會的活動，結合一些願意付出時間精力的義工媽媽們，來進行一些育兒衛教及母乳推廣運動。

　　眼看著台灣母乳哺育率逐漸提升，心中實在為我們下一代新生兒慶幸，慶幸他們在生命的第一刻開始，就享受、接受了人間至寶──母乳，其中除了有各項充沛適當的營養及抗體外，更有著母親無限的愛心。

　　陳醫師能在各種繁重的醫療業務下，利用餘暇把許多珍貴的實務經驗及相關的醫學新知撰寫成書，提供台灣母親們更周詳的資訊，使母乳的哺育更能由點到線，由線到面作進一步擴大的推廣，造福我們新生的下一代。台灣有陳醫師這樣熱心者推動母乳哺育，真是小寶寶們的福氣。

文／童綜合醫療社團法人童綜合醫院副院長　遲景上

給 27 歲的自己

生完老大之後才接觸到國際母乳會，遇到人生中幾位貴人，因緣際會踏入母乳哺育這個浩瀚的學問領域中，一晃眼就快三十年了。再回頭，想給當年即將為人母的自己一點點鼓勵，也給即將為人父母的妳／你。

親愛的昭惠：

恭喜妳即將為人母親。當妳聽到寶寶的第一聲哭聲時，妳將完全忘了之前兩個月絕對臥床，打針安胎的辛苦，還有生產的疼痛。

身為家中最後一個小孩，妳沒什麼機會和小嬰兒持續相處 24 小時以上。雖然兒科醫師訓練三年了，妳學習診斷新生兒的疾病，每天注意分析護理師在病歷上記錄的餵奶及排出量，還有體重的變化。我多希望妳丟掉筆和筆記本，噢～不，不用丟掉，但是對寶寶的觀察記錄請不要只有吃奶、睡覺、大小便的時間及次數（我很高興當年沒有人送你嬰兒體重計）。因為多年後，妳將不會再翻開那一本記滿數字的筆記本。但是，妳會記得在那漫漫長夜，當寶寶躺在妳的臂彎裡，終於於停止哭泣時，那個小小軟軟溫暖的感覺。

妳將會聽到看到很多育兒的建議，我多希望別人送給妳的唯一一本育兒書籍不是 Doctor Spock 的英文育兒書，那麼你或許就不會在不知所措時，照著書上說的讓寶寶在另外一個房間孤獨地哭上十分鐘。還好，試了幾次之後，妳就知道那不是妳可以接受的。如果當時妳能看到我這本書，或許就不會為了寶寶常常要喝奶而喪失了對自己身體的信心。或許，妳可以和妳那個打著

燈籠都找不到的好好先生一起先看過且討論過，那麼在妳說因為上班想要停止餵奶時，他不會只因著擔心妳疲憊而說：「妳以後不要後悔就好。」或許他可以提供妳不同的想法及做法，幫忙妳，讓妳有更多的選擇。不過，妳可能很難想像三十年後，市面上會有那麼多本育兒的書籍雜誌，還有網路上隨手可得，完全不同意見的知識。我也無法告訴妳，到底我寫的，有多少在十年後還會是真理。相信妳自己的本能和感覺吧，雖然在頭一段時間還真的很不容易。

　　不論妳到底有沒有餵母奶，是否純哺乳，或者是倒底餵多久，我相信妳所做的選擇都是在當時情況下妳認為對寶寶最好的作法。餵奶不僅是提供營養，寶寶同樣需要一個放鬆、自信的妳，提供給她擁抱、關愛及遊戲。接受妳每個寶寶不同的特質，沒有好壞，無須評斷。同樣的，請接受且相信妳自己，關愛自己，照顧好自己，好好地享受人生這一段難得且無法重來的歷程。

昭惠 2017.06.04

【推薦序 1】母乳，寶寶最好的食物 | 黃富源 004

【推薦序 2】讓寶寶享受偉大的母愛精華 | 黃碧桃 005

【推薦序 3】給嬰兒最好的權利 —— 哺餵母乳 | 張美惠 006

【推薦序 4】母乳是哺育新生兒、嬰兒的最好食品 | 陳家玉 008

【推薦序 5】喝「母乳牌」的孩子最幸福 | 遲景上 009

【自　　序】以正向的態度支持母乳哺育 | 陳昭惠 010

PART 1 | 母乳最好

POINT 1
母乳，上天賜予寶寶最完美的食物 .... `026`

- 生命的頭一千日 026
- 母乳，無可複製的營養食物 028
- 母乳無可取代的 7 大好處 032
- 母乳哺育，奠定兒童生、心理發展 035

POINT 2
奶水，神奇湧出的甘泉 .... `037`

- 哺餵母乳 2 大成功要訣 038

PART 2 | 哺乳成功 3 大關鍵

POINT 1 **懷孕期的準備工作** 042

● 了解懷孕時的 2 大乳房變化 042
● 產前最重要的 5 大準備工作 045

POINT 2 **溫柔生產經驗，讓哺餵寶寶更順手** 050

● 溫柔生產，可選擇的項目有哪些？ 050
● 善用生產計畫書，有助順利生產 055

PART 3 | 哺乳成功要訣

POINT 1 **產後即刻的肌膚接觸，有助寶寶學習吸奶** 060

● 自然產媽媽，親子接觸時間愈長愈好 060
● 剖腹產媽媽，愈早哺乳愈好 061

POINT 2 **只要體力允許，盡量 24 小時親子同室** 062

POINT 3 只要寶寶想喝奶就餵 **065**

- 觀察寶寶想喝奶的表現，把握餵奶的時機 065

POINT 4 圖解哺乳技巧，母乳哺餵輕鬆上手 **067**

- 哺育姿勢 3 大要領 067
- 哺乳必學姿勢，讓哺乳更輕鬆 069

POINT 5 成功哺育 3 大原則，圖解教學 **073**

- 以 C 型握法適當支托乳房 073
- 讓寶寶正確含住乳房（含奶）......................... 074
- 換邊及排氣，防止溢奶 076
- 良好的餵食姿勢和技巧是成功關鍵 077
- 幫助寶寶找回吸奶的本能 078

POINT 6 堅定信念，剖腹產媽媽也能順利餵母乳 **080**

- 產前及術後的準備工作 080
- 剖腹產媽媽，可選擇的餵奶姿勢 082

PART 4 | 了解新生寶寶

POINT 1

了解新生寶寶的生、心理需求 086

- 新生寶寶的生理需求,即刻的肌膚接觸 086
- 新生寶寶的心理需求,建立穩固的依附關係 088
- 親子同室,有助寶寶的心理及腦部發展 090

POINT 2

新生寶寶出生頭幾天的飲食狀態 092

- 寶寶帶著糧食出生,母乳需求不多 092
- 出生「第二晚」的哭鬧,不是沒喝飽 093

POINT 3

觀察並了解寶寶的睡眠、進食狀態 096

- 依據寶寶的醒覺狀態,給予適當的照顧 096
- 各種寶寶的睡眠、進食型態 098
- 寶寶的睡眠環境 101

POINT4 **學習分辨寶寶不同哭聲所代表的意義** 105

- 哭鬧，新生寶寶表達需求的語言 105
- 安撫哭鬧的寶寶，給予立即、適切的反應 108
- 腹脹，寶寶哭鬧的另一個可能因素 111

PART 5 | 正確擠奶與母乳儲存法

POINT1 **事先擠奶，無法親自哺乳的應變法** 116

- 擠奶前，先刺激噴乳反射 116
- 用雙手及正確的步驟來擠奶 118

POINT2 **母乳的儲存與使用原則** 121

- 母奶儲存容器的選擇與使用注意事項 121
- 儲存奶水的時間及加溫原則 125

POINT3 **上班媽媽，如何兼顧工作與擠乳？** 127

- 回職場前及後的準備工作 127
- 給照顧者的特別提醒 134

PART 6 | 哺乳媽媽及寶寶的飲食計畫

POINT 1
哺乳媽媽的飲食宜營養、均衡、多元 138

- 哺乳媽媽的健康飲食及促進乳汁的方法 138
- 婆婆媽媽說這些不能吃，醫生提供的替代方案 143

POINT 2
母乳寶寶的第六個月，開始添加副食品 146

- 認識寶寶可以開始吃副食品的表現 146
- 添加副食品的 10 大原則 148
- 餵食副食品時，給家長的 3 個特別提醒 152

PART **7** 哺乳可能須面臨的挑戰

挑戰 Ⅰ：與媽媽乳房相關的難題

POINT**1** **如果乳房太小，會有足夠的奶水嗎？** 156

- 奶水分泌受媽媽心情及信心影響 156

POINT**2** **乳房太平或乳頭凹陷，可以餵母乳嗎？** 158

- 乳房太平或乳頭凹陷的有效解決對策 158

POINT**3** **脹奶，該怎麼協助寶寶喝奶？** 161

- 預防乳房脹腫的有效解決對策 161

POINT**4** **乳房有硬塊或發炎，還可以餵奶嗎？** 163

- 乳汁沒有吸出來，導致乳房阻塞、發炎 163
- 有效治療乳腺炎的方案 165

POINT5

乳頭為什麼會酸痛、破皮、皸裂？ 168

- 寶寶含乳姿勢不正確，傷害乳頭皮膚 168
- 有效治療乳頭酸痛、破皮、皸裂的方法 169

POINT6

寶寶咬破乳頭，造成疼痛怎麼辦？ 172

- 改善寶寶咬破乳頭的方法 172

挑戰 II：和寶寶吸奶相關的難題

POINT1

寶寶不吸奶，該怎麼辦？ 174

- 寶寶不吸母乳的 6 個可能因素 174
- 鼓勵寶寶喝母乳，有效解決不吸乳危機 179

POINT2

寶寶好像沒喝夠，會不會營養不足？ 181

- 寶寶沒有喝夠的常見原因 181
- 寶寶沒喝夠奶水 3 大指標 182
- 寶寶沒吸夠，盡量再讓他多吸 185

POINT 3

停餵後想再度泌乳，該怎麼做？ 188

- 加強親密關係及刺激，有助再度泌乳 188
- 放鬆心情，用愉悅地心情哺餵寶寶 192

POINT 4

寶寶作息老是日夜顛倒，怎麼辦？ 193

- 學習接受寶寶的睡眠時間 193
- 寶寶日夜顛倒，可以採取的睡眠對策 194

POINT 5

寶寶半夜想喝奶，該不該餵？ 198

- 寶寶夜奶，可採行的解決方案 198
- 培養睡前儀式，等待夜奶情形隨年齡改善 202

POINT 6

母乳哺餵可以持續多久時間？ 205

- 母乳哺餵，可以持續到 2 歲以上 205
- 持續哺乳可能遇到的難題 207
- 媽媽可以克服的不當離乳原因 208
- 理想的離乳方式，是漸進式的過程 211

挑戰Ⅲ：哺餵母乳，常見問題集

POINT1

生病無法哺餵母乳時怎麼辦？ 215

- 媽媽患有疾病的相關餵食問題 215
- 服用藥物或接受檢查時的相關問題 219
- 寶寶患有疾病的相關餵食問題 223

POINT2

媽媽的奶水營養夠嗎？ 225

- 顏色及濃稠度相關疑問 225
- 有沒有脹奶的相關疑問 227
- 奶水供給與寶寶食量的相關疑問 229

POINT3

母乳寶寶會長得比較慢嗎？ 233

- 寶寶便便、腹脹相關問題 233
- 寶寶生長速度及餵食的問題 235
- 寶寶乳牙健康的相關問題 237

POINT4

另一半該怎麼給媽媽支持？ 240

- 哺乳期的受孕及避孕問題 240
- 哺乳時妳和妳的另一半相關問題 242

POINT5 **哺餵母乳常見迷思有哪些？** 246

● 奶水分泌量的常見迷思 246
● 哺餵母乳的常見迷思 249

PART 8 | 特殊寶寶更需要喝母乳

POINT1 **早產兒，更需要母乳來補足免疫** 254

● 哺餵早產兒的困難 254
● 了解早產寶寶的吸吮發展，有助成功哺餵母乳 256
● 哺餵早產兒，針對常見問題可採行的方案 259

POINT2 **唇顎裂寶寶，喝母乳可降低寶寶感染機率** 262

● 有效哺餵唇顎裂寶寶的方案 262

POINT3 **黃疸寶寶，大部分仍可以喝母乳** 264

● 黃疸，須由專業人員來判斷成因及對應方式 264
● 及早、多次哺餵母乳，有助預防早發性黃疸 266
● 母乳中的特別成分可能引發晚發性黃疸 267

POINT 4 **過敏寶寶，喝母乳可有效減緩** .... `269`

- 環境及飲食的改變導致過敏兒增加 269
- 母乳，有助調節寶寶體內的免疫反應 270
- 過敏寶寶常見的身體表現 272
- 改善媽媽飲食，有助防治寶寶過敏 274
- 預防寶寶過敏的居家環境及飲食建議 276

POINT 5 **如何讓哺乳寶寶享受到純哺乳的好處** .... `278`

- 嬰兒餵食前提的相關配套措施 278

PART **9** | 餵母乳媽媽的成功經驗分享

POINT 1 **全家支持，是成功哺育母乳的關鍵！** .... `284`

資深幼教專家◎賴慧滿

POINT 2 **母乳最好——來自荷蘭的哺乳經驗** .... `289`

荷商聯合利華集團總公司人力資源計畫經理◎劉俐元

POINT 3 **餵母乳，讓孩子贏在起跑點！** .... `295`

小兒科藥劑師◎曾心怡

母乳最好

母乳是上天賜予寶寶最完美的食物，它的成分會隨寶寶的懷孕週數、餵食的時間而有變動，不僅完全符合寶寶的營養需求，同時也給寶寶最完美的保護。

母乳，上天賜予寶寶最完美的食物

經過一世紀的努力研究及長期追蹤，人類終於發現了最適合人類嬰幼兒使用的食物了！多家配方奶公司宣稱新添加的營養素，它都擁有。

它含有數千倍於其他產品的營養素種類，完整的營養成分讓妳永不遺憾寶寶沒有吃到何種必要的營養素。同時更有整套的產品，滿足從新生兒起到幼兒期不同時期等的營養需求；不論早產兒或足月兒，都有最適合的產品。

長期追蹤發現，食用該產品的嬰幼兒其視力及智力發展較食用其他產品寶寶好，而且這樣的優勢一直維持到青春期以後。該項產品中還含有對抗媽媽寶寶所在環境中病菌的抗體、白血球及活細胞等，研究證實，此產品中的抗感染因子，因為有特別的分泌成分，在寶寶腸胃道內並不會被破壞，可發揮其功用。

歐美先進國家多年的研究皆發現，食用該產品的嬰幼兒較少腹瀉、呼吸道感染、中耳炎、嬰兒猝死症、較少肥胖、較少過敏（症狀較輕且較晚出現）、兒童期糖尿病，甚至癌症的機會都有可能減少。

這是個隨手可得，含有所有妳想像得到的營養，可讓妳的寶寶更聰明，可抵抗外來病菌的食物。然而在台灣，仍有超過一成的嬰兒從未使用過。妳想給孩子最好的嗎？妳希望幾年後妳不會遺憾嗎？那麼就從寶寶一出生起，就給他最好的——母乳。

■ 生命的頭一千日

從二十世紀末迄今的觀察及研究發現，從一個女人懷孕開始到孩子的第二個生日之間的 1000 日是生命中一個重要的階段，為一輩子的健康打下穩固的基礎。

　　大家都知道喝母乳的嬰兒較少急性傳染性疾病，如：中耳炎、腹瀉、呼吸道感染、及肺炎。近年來表觀遺傳學的研究更注意到營養可以改變人體基因的表現，出生後的飲食會影響腸道菌種的發展和功能，進一步影響日後免疫及其他健康的發展。沒有喝母乳的嬰兒，日後第二型糖尿病，肥胖症，兒童癌症及嬰兒猝死症等非傳染性疾病的危險性增加。

　　因著這樣的發現，美國以及愛爾蘭政府、比爾蓋茲基金會以及數個非營利組織於 2010 年開始推動生命頭一千日運動。這個期間的營養重點包括：

孕婦需要健康的飲食，包括富含葉酸，鐵和其他營養物質的食物，以支持他們的寶寶的生長和大腦發育。

媽媽懷孕及哺乳期的飲食可以影響嬰兒的味覺偏好。

母乳是嬰兒營養的黃金標準。

母乳成份隨嬰兒成長需求而改變。

哺乳有助於嬰兒益生菌的滋生。

營養飲食是幼兒健康成長和發育所必需的。

幼兒會學習父母和同伴的飲食行為和對食物的態度。

從小教導健康的飲食習慣，可以減少日後的慢性疾病。

　　母乳哺育，是生命之初的重要營養來源，讓我們一起為生命及健康最好的開始努力。

■ 母乳，無可複製的營養食物

母乳是大自然中唯一針對人類寶寶設計的食物，含有上千種以上的營養素，可以完全提供 6 個月前寶寶所需要的營養。即使在頭一年後，母乳仍可持續提供相當量的重要營養素，尤其是蛋白質、脂肪及多數的維他命，其它的好處還有：

1 營養完整、豐富、易吸收

乳清蛋白：母乳含豐富的乳清蛋白，較易消化吸收；牛奶則含較多的酪蛋白，較易形成乳凝塊，且其乳清蛋白的結構與母乳不同，較易引起胃腸過敏。母乳亦含豐富的氨基乙磺酸，對腦部及視網膜的發展極為重要。

脂肪酸：母乳含豐富的脂肪酸，尤其是長鍵多鏈非飽和脂肪酸、膽固醇及 docosahexaenonic acid（DHA），對寶寶腦部發展極為重要，而這些成分很難完全由其他食品取代。另外，母乳有分解脂肪酵素，可促進脂肪的消化吸收。母乳中的棕櫚酸超過 70% 位於三酸甘油酯結構的中間（sn-2），在吸收過程中，較不易與鈣質結合，因此整體的鈣質及脂肪的吸收率較高。

乳糖：母乳含豐富的乳糖，可提供寶寶快速成長的腦部所需要的能量，並幫助鈣的吸收；還含有寡糖及糖結合體，可保護寶寶。

寡糖：與腸黏膜細胞表面的聚糖類似，和病菌結合，防止病菌附著於腸道黏膜表面。也可改變腸黏膜細胞表面，降低病菌附著的風險。促進腸道益生菌的滋長。調節免疫細胞的反應，避免過度發炎的反應。提供唾液酸 (sialic acid)，有助嬰兒大腦發育和認知功能發展。

母乳的營養成分與價值

成　分	價　值
蛋白質	含量適當，容易消化、吸收。
脂　肪	適當的必須脂肪酸以及長鏈多鏈非飽和脂肪酸，有助腦部及視網膜的發展。含分解脂肪酵素，可促進脂肪的消化吸收。
乳　糖	可提供腦部成長所需要的能量，並幫助鈣的吸收。
礦物質	含量適中，不會增加腎臟的負荷；吸收利用率高。

母乳成分會隨寶寶的懷孕週數、餵食的時間而有變動，是最符合寶寶需求的食物

母乳成分對寶寶健康的多重益處

成　分	功　效
生物活性因子	調節免疫系統的物質和抗發炎
蛋白質	對抗感染，減少細菌孳生
碳水化合物	抑制微生物及病毒與腸胃道黏膜的結合，對抗感染
核甘酸	增強疫苗的抗體反應，及腹瀉後的修復
維生素 A、C、E	清除氧游離基，減少體內不必要的發炎反應
荷爾蒙	促進腸道成長，及腸道宿主抵抗機轉的發展
酵　素	可促進營養素的吸收，另可減少壞死性腸炎的機會
活細胞	調整免疫系統的功能及成熟

礦物質： 母乳含適量的鈉、鈣和磷，不會增加腎臟的負荷，可避免寶寶日後罹患心臟血管疾病，也比較不會有低血鈣的問題。此外，母乳的鐵質含量雖較配方奶低，可避免利用鐵滋生的有害菌感染。在出生後 6 個月左右，嬰兒對鐵的需求增加，需額外補充鐵或富含鐵的副食品。

2 可強化免疫力

生物活性因子：母乳含有嬰兒配方奶無法複製的生物活性因子，包括：對抗多種感染的保護因子，影響成長的荷爾蒙與成長因子，及調節免疫系統的物質和抗發炎的成分。

即使是母乳中的營養素，在被分解為提供成長的原料或提供能量前，也有特殊的生物活性功能。

蛋白質：包括多種免疫球蛋白，尤其是甲型分泌型免疫球蛋白，可直接保護寶寶。至於乳鐵、溶菌素、甲型乳蛋白則可以抗感染，減少細菌孳生。

碳水化合物：除了提供乳糖能量之外，還有寡糖及糖結合體（glycoconjugate），可抑制微生物及病毒與腸胃道黏膜的結合，其中的游離脂肪酸也可以抗感染。

核甘酸：可提高 T 細胞成熟，增強寶寶對一些疫苗的抗體反應，及腸道的成熟及腹瀉後的修復。

3 對抗感染，減少不必要的發炎反應

維生素 A、C、E：可以清除氧游離基，減少寶寶體內不必要的發炎反應。

荷爾蒙：可以促進 B 及 T 淋巴細胞的發展，影響腸道淋巴組織的分化，並且促進寶寶腸道的成長，及腸道宿主抵抗機轉的發展。

酵素：可以水解 PAF（血小板活化因子），減少壞死性腸炎的發生。

活細胞：母乳中還含有活細胞，包括：吞噬細胞、多核中性球、淋巴球，可以吞噬微生物，製造淋巴激素（lymphokines）及細胞激素（cytokines），和其他保護因子互動並增強功能，而細胞激素更可以調整免疫系統的功能及成熟。

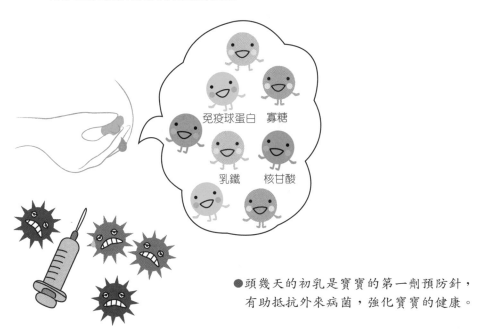

免疫球蛋白　寡糖

乳鐵　核甘酸

●頭幾天的初乳是寶寶的第一劑預防針，有助抵抗外來病菌，強化寶寶的健康。

陳醫師貼心叮嚀

母乳的成分會隨寶寶的需求改變

　　母乳的成分會隨寶寶的懷孕週數、餵食的時間而有變動。例如，早產兒媽媽所分泌的乳汁含較高的蛋白質、脂肪、鈉、鎂及甲型球蛋白，最適合早產兒的需要。而乳汁中的脂肪含量，在同一次餵奶時，後面的奶較前面的奶含量高，可使寶寶較易飽足而自動停止吸吮。

■ 母乳無可取代的 7 大好處

1 減少寶寶急、慢性疾病

從不少已開發國家的研究顯示，哺育母乳的寶寶呼吸道感染、中耳炎、腹瀉的機會較少；甚至兒童期糖尿病、肥胖、癌症、過敏性疾病都有可能減少。

2 提高寶寶的智能

很多研究發現，吃母乳的寶寶智力較高，但是這究竟是因為營養的關係，還是遺傳，或是環境因素仍未知。

一般認為，選擇哺餵母乳的媽媽通常年紀較大、教育程度較高、社經地位較好、較少抽菸、比較會提供寶寶適當的刺激；加上母乳哺育讓寶寶有很多機會和媽媽在一起，可促進親子關係，且哺乳時的荷爾蒙對母性的行為有正向的影響；而這些都對寶寶的智能有正面的影響。

然而，把這些因子都列入考慮後，營養本身對智能還是有一些影響。多篇研究的總結，母乳哺育超過 28 週者，寶寶的智商會比喝配方奶者高出 2.91 分，其中足月兒差 2.66 分，早產兒則可提高 5.18 分。對於一個足月兒的影響或許不是那麼明顯，但是如果以整體人口來考量的話，還是有幫助，對早產兒的影響更是顯著。

3 降低媽媽罹病風險

母乳哺育是生育過程的最終一個階段，哺乳可以減少產後大出血、停經前的乳癌及卵巢癌；降低貧血的程度、減少膀胱及其他感染、停經後的大腿關節及脊椎骨折也會減少。

研究發現，母乳餵越久者，停經前乳癌機會越少。餵 2 到 7 個月的母乳，得卵巢癌的機會可降低 20%。在寶寶 6 個月前，不分日夜完全哺餵母乳，且月經尚未恢復前，媽媽再度懷孕的機會不到 2%，可避免過早受孕，對媽媽及寶寶的健康都有幫助。

4 增進親子關係，讓孩子更獨立

出生後頭幾個小時是建立母子關係最重要的時刻，媽媽和寶寶將彼此的感覺、氣味和影像銘記在心，這對彼此的關係有一正面而持久的影響。因為在此時，寶寶尋求保護及吸吮的本能最強；在自然生產過程中，是寶寶開始吸吮的要求讓媽媽哺餵母乳；所以我們強調在寶寶產出後，就應該盡快讓他吸吮餵食。

餵奶時會刺激媽媽產生泌乳激素（ prolactin），讓媽媽感覺安定而有成就感。而餵母乳成功的媽媽們也發現，小孩很好帶，很容易安撫；且由於寶寶的基本需求（被愛撫，餵飽及溫暖）很容易滿足，也會較獨立。

哺乳過程中，如肌膚及眼神的接觸，氣味的交流等，都是親子關係的建立過程。這也是為什麼即使無法完全用母乳哺餵領養的小孩，我們仍鼓勵媽媽盡可能地直接哺乳。

5 符合經濟效益、最省

母乳是大部分的媽媽本身就具備的資源。對家庭、醫院、社區及國家而言，更有經濟價值。相對的，嬰兒配方奶必須以現金支付，對窮苦的家庭（尤其在開發中國家）而言，更是一大筆支出。此外，國家還必須動用外匯來進口母乳的替代品。

而在嬰兒配方奶的製作、消毒及貯存過程中，必須使用資源，如能源及水，而使國家及社區的環境被破壞；醫院必須浪費人力及物力以人工方式餵奶，爾後再為因此造成的疾病及感染而奮鬥。

6 最符合環保觀念

　　母乳是自然產生的，媽媽的自然飲食，就能轉變成專為寶寶量身訂做、自然無價的食物。這是世界上的食物製造系統之中，最能夠有效利用能源的一種。母乳哺育可以減少對地球資源的需求，避免廢物和污染，進而保護環境。

喝母奶健康又省錢，真好！

母愛

母子互動

信賴感

●哺餵母乳，對親子的身體及心理健康都有很大的助益，是最經濟又實惠的食物。

7 緊急狀況下寶寶的救命安全食物

不論發生何種緊急情況，從地震到戰爭，從洪水氾濫到流感蔓延，嬰幼兒在這些情況下特別容易營養不良、生病或死亡。此時母乳隨手可得，不用擔心水質、電源以及容器的安全及來源，哺乳可以救命，是緊急情況下嬰兒的保護傘。

■ 母乳哺育，奠定兒童生、心理發展

其實母乳哺育不僅是提供寶寶一種食物而已，在哺乳的過程中，還同時滿足寶寶對愛及溫暖的需求，是奠定兒童生理及心理健全發展的基石，同時有益於媽媽的健康，對家庭、社會及國家都有幫助。

因此，世界衛生組織與聯合國兒童基金會於 2003 年最新的嬰幼兒餵食建議是：

出生後：給予即刻的肌膚接觸，並於 1 個小時內，開始哺餵母乳。

零到 6 個月中：單純哺餵母乳。

6 個月後：開始添加副食品，並持續哺乳。

兩歲以上：添加固體食物，持續哺餵母乳到孩子 2 歲，甚至 2 歲以上。

餵母乳有這麼多的好處，聰明的父母們，絕對不要放棄這個在寶寶出生時，就已經為他量身訂做好的夢幻食物——母乳。

陳醫師貼心叮嚀

哺育母乳至少 12 個月

美國小兒科醫學會於 2012 年發表聲明：

💧全母乳哺育是 6 個月內寶寶最理想的營養來源，並可完全
滿足出生後頭 6 個月的成長及發展需要。

💧吃母乳的寶寶應在 6 個月大後，逐漸添加含鐵豐富的固體
食物。

💧建議母乳哺育至少 12 個月，之後再由母嬰兩人自己決定要
繼續哺育多久。

台灣兒科醫學會 2016 嬰兒哺育建議：

💧純母乳哺育應至少哺餵 4 ～ 6 個月。

💧最好是親餵，其次是擠出來冰存的母乳或經妥善消毒處理
過的捐贈母乳。

💧哺育母乳建議持續至少一年，並視母親與嬰兒的需求可考
慮持續更久。

💧富含鐵質及其他微量元素的副食品應在大約 4 ～ 6 個月開
始添加。

💧建議純母乳哺育或部分母乳哺育的寶寶，從新生兒開始每
天給予 400 IU 口服維生素 D。

💧使用配方奶的兒童，如果每日進食少於 1,000 毫升加強維生
素 D 的配方奶或奶粉，需要每天給予 400 IU 口服維生素 D。

💧鐵及鋅的補充：含有鐵及鋅的副食品可在 4 ～ 6 個月時開
始添加，滿 4 個月尚未使用副食品之前，純母乳哺育足月
嬰兒應每天補充口服鐵劑 1 mg/kg/day。

POINT 2　奶水，神奇湧出的甘泉

當寶寶出生後含住媽媽的乳房時，會傳遞訊息到媽媽的腦部，腦部會分泌激素經由血液到達乳房，使乳房製造及分泌奶水（詳見下圖），奶水就是這樣神奇湧現的。

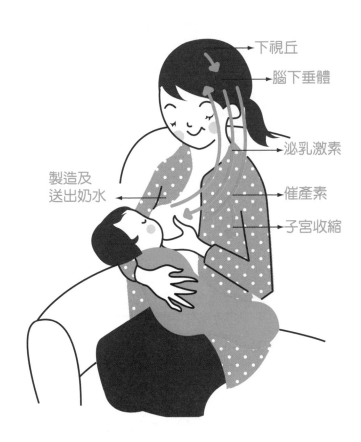

下視丘

腦下垂體

泌乳激素

製造及
送出奶水

催產素

子宮收縮

奶水分泌的反射

■ 哺餵母乳 2 大成功要訣

1 寶寶吸奶的方法要對

寶寶吸媽媽乳房的方式和吸奶瓶、奶嘴是不一樣的，想像妳吸自己的大拇指和吸自己的大拳頭，嘴巴張得是不一樣大的。

吸奶瓶、奶嘴：像吸手指，嘴巴嘟起來，不用張很大就吸得到了。

吸母乳：如同要含住拳頭，嘴巴需張得很大，才有辦法含住。寶寶必須以大口含住拳頭的方式來含住乳房，才能把奶水吸吮出來。

但是，寶寶要如何才能學會含住乳房，而不是只咬乳頭？其實所有的新生兒都有這樣的本能；在出生後，把新生兒放在媽媽的懷裡，他自然就會找到媽媽的乳房，並且含住乳房開始吸吮。

實際的臨床經驗也發現，一生下來就和媽媽在一起，而且自己找到媽媽的乳房開始吸奶的寶寶，日後比較沒有吸奶方面的問題。

2 頭 2 至 3 週不要使用奶瓶

如果寶寶吸過奶瓶、奶嘴，有可能就會以吸奶瓶的方式來吸媽媽的奶。但因為只有含住媽媽的乳頭，會造成媽媽的乳頭疼痛；此時即使媽媽很勤快地餵奶，寶寶也吸了很久，但因為他沒有吸到很多奶，所以可能一放下去床上就又哭了。

另外，有的寶寶習慣了奶瓶一吸馬上就有很多奶水流出，不像吸媽媽的乳房，一開始要努力地吸幾口，奶水才會慢慢流出，所以就拒絕吸媽媽的奶。有的寶寶什麼都好，乳房、奶瓶都肯吸；但有的寶寶則是一吸過奶瓶，就再也不吸媽媽的奶，所以我們建議在頭 2 至 3 週不要使用奶瓶。

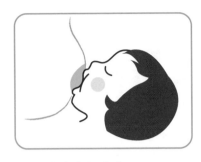
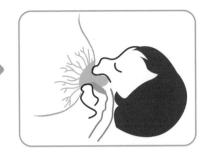

正確的含乳姿勢

寶寶張開他的嘴來含著
乳房，乳房正對著他的
上顎，他的下唇正對著
乳頭下方。

寶寶正確含乳姿勢

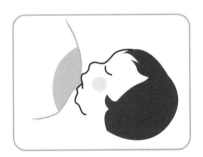

錯誤的含乳姿勢

寶寶只有吸到乳頭，且
舌頭位於口腔後面

寶寶錯誤的含乳姿勢

● （資料來源：《幫助媽媽哺育母乳》 行政院衛生署國民健康局 p36-37。）

哇!寶寶會自己找奶喝呢!

剛生產完,讓寶寶第一次乳房接觸喔!!

●把新生兒抱在懷裡,他自然會找到媽媽的乳房,
　且較沒有吃奶方面的問題。

陳醫師貼心叮嚀

增加奶量的聰明法則

要讓奶量增多的不二法則,就是:

💧讓寶寶盡量靠在妳身邊,告訴妳的身體他需要多少。

💧盡早開始餵奶。

💧確定寶寶乳房含得好,他要吸就餵。

💧媽媽本身要有信心、放輕鬆、寶寶睡時趕緊跟著睡。

💧周圍的人要支持(尤其是老公)。

哺乳成功 3 大關鍵

想要成功哺乳，建議妳從懷孕開始就要涉獵相關知識，做足準備，諸如：正確的哺乳知識、決心與家人的支持，那麼才能在寶寶出生後順利哺乳。

懷孕期的準備工作

所有哺乳動物的生育週期都以哺乳為終結，只有人類改變這種過程。姑且不論這種改變的好壞，事實上，在懷孕過程中，妳的身體就自然地為母乳哺育作準備了。

■ 了解懷孕時的 2 大乳房變化

1 乳房逐漸變大

在懷孕的過程中媽媽的體重會增加，一部分是因為胎兒的成長，另一部分則是為了儲存能量，以供日後哺乳時消耗。

大部分的孕婦在懷孕中都可感覺到自己的乳房逐漸變大，這是因為乳房中的腺體組織逐漸增生，準備在生產後，胎盤離開母體時，即開始分泌奶水。所以媽媽不用做特別的哺乳準備，新生兒出生時，大自然早就為他準備好食物了。（有的媽媽在產後才開始感覺乳房有變大，這也是正常的。）

2 乳腺細胞開始分化增生

在懷孕 16 週左右，乳腺細胞開始分化增生，乳暈（乳頭周圍一圈顏色較深的部分）逐漸變黑而明顯，同時也較堅韌，以便讓新生兒在出生後可以容易地找到喝奶的地方。

在乳暈上可以看到一點點突出的腺體及皮脂腺，會分泌物質潤滑及保護乳暈、乳頭。因此，不論是產前或產後，只要照著正常的身體清潔即可，無需刻意將乳頭或乳暈做特別的清洗。

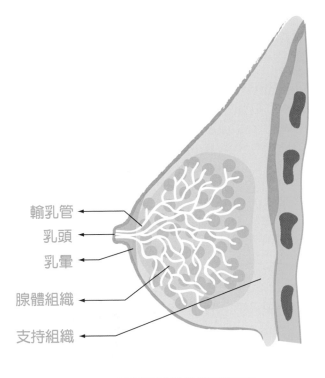

輸乳管
乳頭
乳暈
腺體組織
支持組織

乳房的解剖構造

陳醫師貼心叮嚀

認識妳的乳房組織

　　乳房是由腺體組織、結締組織及脂肪組織所構成。就如同每個人外貌不同一樣，乳房也有各種不同的形狀及大小，這是由脂肪組織的多寡來決定，與奶量多寡沒有關聯。乳房腺體組織會分泌乳汁，經由小小的管子（輸乳管）運送出乳房。

　　研究發現，每個人的乳房容量不一（與乳房大小無關），容量大的，寶寶可以一次就喝足多量的奶水而隔較久的時間再喝奶；容量小的，寶寶可能在較短的時間內就想再喝奶。只要寶寶想吃就餵奶，而且寶寶含的姿勢正確，一整天下來，寶寶所喝到的總奶量是差不多的。

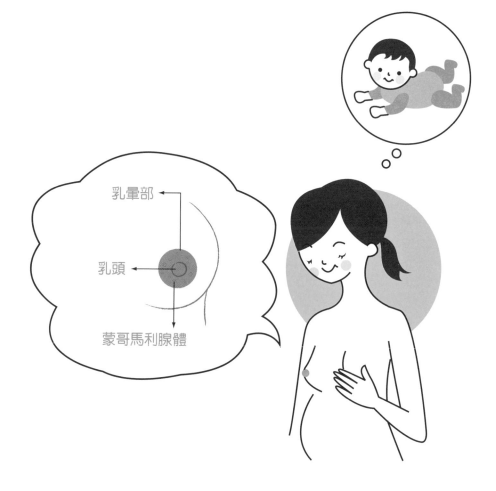

乳暈部

乳頭

蒙哥馬利腺體

●懷孕時媽媽的乳房會發生變化，諸如乳
　暈逐漸變黑而明顯，且在乳暈上可以看
　到一點點突出的腺體及皮脂腺。

▌產前最重要的 5 大準備工作

　　由於之前大部分的寶寶，都是喝配方奶及奶瓶長大，即使是曾親自哺餵母乳的婆婆或媽媽大多已經忘記哺餵母乳時會遇到的種種正常現象，而處處以喝配方奶的寶寶為標準。

　　家人及親朋好友可能會以：喝配方奶的寶寶比較胖、媽媽比較輕鬆、家人可以代勞等原因，給予哺乳媽媽善意但不正確的建議，甚至阻撓，而造成哺乳時不必要的挫折。

1 下定決心，取得家人支持

　　產前和先生及家人溝通好，讓大家都了解母乳哺育對媽媽和寶寶有莫大的好處，並進一步了解常見的錯誤觀念及問題，方能給予媽媽最適當而支持性的哺乳環境。因此，「下定決心哺育母乳，並獲得家人的支持」是最重要的產前準備。

2 認識自己的乳房及乳頭

　　乳房的形狀大小及乳頭的長度大小因人而異，並不會影響奶水的多寡。媽媽可以自己檢查乳頭（參見右圖）：以大拇指及食指輕壓乳暈，此時乳頭應較突出。有些乳頭在刺激時仍為扁平或較凹陷，但不一定會影響寶寶喝奶。

　　如果妳的乳頭較扁平或凹陷，那麼應在產後盡快開始哺乳，不要等到脹奶時才餵，以免影響寶寶的含奶。有時隨著寶寶的吸吮，可以讓乳頭逐漸突出。（請參見 P.158）

●輕柔地壓迫乳暈，正常的乳頭會突出來。

3 取得正確資訊，學習哺乳技巧

一旦決定好寶寶的餵食方式後，就應盡可能去學習母乳哺育的正確資訊。雖然母乳哺育原本是件很自然的事，但並不代表餵奶是一件容易的事。而且由於周圍哺育母乳的人並不多，所以一些本來是耳濡目染就能自然學會的東西反而必須刻意去學得。建議妳應事先了解如何使奶水充足，及一些技巧性的問題。

除了哺乳之外，應了解正常寶寶可能的表現，及自己和家人在產後可能有的生理及心理上的變化；事先更多的了解及準備，也可以讓自己更有信心的迎接新生命。（母乳支援資訊管道請參見 P.49）

4 選擇支持母嬰親善的產科機構

選擇一個可以配合支持父母哺育母乳的產科機構，並事先和醫師、護理師溝通討論，也會使餵奶工作更容易、更簡單，以減少日後不必要的問題及困擾。

台灣現有的母嬰親善醫院就是通過這種認證的醫院（請參見衛生福利部國民健康署網站／母嬰親善醫療院所認證通過名單，網址：https://www.hpa.gov.tw/Pages/List.aspx?nodeid=422）。

即使尚未參與母嬰親善醫院認證的醫療院所，相信經由父母的要求，也會有很多的產科機構願意提供這方面的協助。

5 準備一個溫柔的生產過程，減少體力耗損

順利的生產過程，避免不必要的手術或藥物使用，會讓妳更容易開始哺育母乳。產前學習生產過程中如何以非藥物的方式減少疼痛，尋找適當的生產機構、允許有人在旁邊陪伴、支持妳度過生產的過程，可以減少妳在生產過程中體力的耗損，讓之後的哺乳較容易開始。

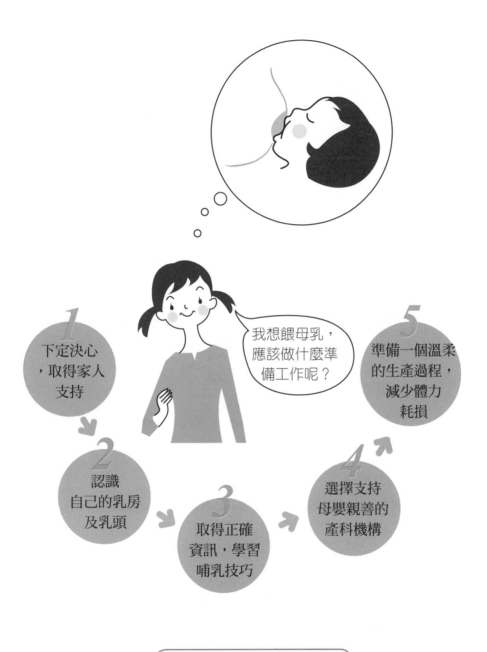

產前哺乳準備工作流程圖

QUESTION? 請教醫師

懷孕時按摩乳房或擠奶，有助產後哺乳嗎？

　　二十年前的產前教育中都會建議媽媽做乳房按摩以及擠奶的動作，後來因為擔心這樣的動作引發子宮收縮而早產，同時擔心過多的準備工作讓媽媽覺得哺乳很麻煩，所以大部分的醫護人員都不再建議做這些準備。

　　然而，對於一些可能有初期泌乳困難的媽媽，如糖尿病婦女因為嬰兒可能在出生頭幾天因為低血糖需要補充食物，事先的擠奶或許可以多少儲存一些初乳於產後頭幾天使用，減少寶寶喝到人工配方奶的機會。

擠奶方法

　　再次強調，僅有在糖尿病孕婦，或是有乳房手術過，預估奶水可能分泌會有問題者，才需要考慮這個動作。產前擠不出奶水，也是很正常的。

　　如果要試看看，可以在懷孕 34 ～ 37 周以後才開始，方法是：每天洗完澡後每邊乳房擠壓幾分鐘，如果感覺有子宮收縮或腹痛，請立刻停止。（請參見 P.118）

儲存方法

　　以 1 到 3 毫升的空針筒收集擠出來的幾滴初乳（在產前擠出來的奶水可能只是幾滴而已，這是很正常的，請不要擔心），收集後放在乾淨的夾鏈袋中置於冰箱內，48 小時內收集的奶水可以用同一根空針筒，貼上收集時間後放入冷凍室保存。如果不到 48 小時空針筒已滿，也請放入冷凍室。

使用方法

　　事先和生產場所的醫護人員說明，生產時妳會自己帶冷凍初乳，並且找到適當的置放冰箱，以確保初乳被安全、小心地使用。

　　但最重要的還是，在產後和寶寶有足夠時間的肌膚接觸，讓寶寶有機會自己找到乳房開始喝奶，並且 24 小時親子同室。

INFORMATION

母乳哺育資訊哪裡找？

母乳支援資訊		
單 位	資 訊	網 址
衛生福利部國民健康署孕產婦關懷網站	是一個提供正確資訊的官方來源，也有一個官方的哺乳網站	http://mammy.hpa.gov.tw/
台灣母乳哺育聯合學會	國內專業人員團體	http://www.breastfeedingtaiwan.org/
華人泌乳顧問協會	國際認證泌乳顧問組成的團體	http://www.clca-tw.org/
台灣母乳協會	國內民間支持團體	http://www.breastfeeding.org.tw
中華民國寶貝花園母乳推廣協會	國內民間支持團體	https://www.facebook.com/babysgarden.org/

溫柔生產經驗，讓哺餵寶寶更順手

一個健康快樂的媽媽，才有能力可以照顧自己的寶寶。一個受到支持協助的生產過程，將有助於媽媽產後體力的恢復，以及之後對於小寶寶的照顧。

從產前開始，適當的營養攝取、適度的運動、維持自己身體的健康、避免胎兒過大，及定期的產前檢查都有助於生產過程的順利。

待產以及生產過程中的經驗，除了可能影響媽媽產後的體力恢復之外，也可能影響到媽媽的心理層面。因此國內外這幾年來一直在推廣著「溫柔生產的運動」，包括生產計畫書的準備，就是期待孕婦、家人以及醫療團隊一起參與整個待產生產過程，留下一個愉快的生產經驗。

■ 溫柔生產，可選擇的項目有哪些？

以下的資料僅供參考，每個孕產婦的狀況不一樣，還是要和妳的接生者以及團隊討論，才能做出最適合自己的決定。

QUESTION? 寶寶要在哪裡出生？

ANSWER：

現在有一些產科機構提供「樂得兒」的方式，讓待產過程、生產到產後頭幾個小時的恢復都在同一個房間進行，以減少待產婦移動過程的不舒服以及焦慮，讓生產的過程不會有被切割成好幾塊的感覺，讓待產婦可以持續在一個比較放鬆溫馨，同時又有家人陪伴的私密環境下度過這一個重要的時刻。

QUESTION? 生產時誰可以陪伴我？

ANSWER：

待產以及生產期間的陪伴者能夠減少待產婦對嚴重疼痛的知覺，且鼓勵待產婦移動，有助促進生產的速度以減少不必要的醫療介入。

陪伴者可以是：待產婦的媽媽、姊妹、朋友、家人、先生或醫療機構的成員。這個支持者需要在待產、生產過程中全程陪伴。陪伴者最好能在之前和待產婦一起參加相關課程，或和待產婦有充分的溝通，了解在陪伴過程中他們可以做些什麼？

這樣的陪伴主要是提供非醫療性質的支持，包含：

鼓勵並協助待產婦在待產期間走動。

如果待產婦想吃，可提供清淡的食物及水分。

提供按摩使其舒緩。

協助使用溫水沖泡。

使用正面、激勵的話語及肢體動作鼓勵待產婦，

建立她的自信心。

QUESTION? 待產時，可以自由、隨意地移動、行走和改變姿勢嗎？

ANSWER：

待產過程中，自由移動身體及藉由重力的原理，可以幫助胎兒下降，使子宮能有效地收縮，幫助胎兒旋轉並通過骨盆。待產時姿勢的改變可增加子宮血流、減少胎盤和胎兒壓力；另外，待產婦身體採取傾斜向前的姿勢和骨盆搖擺的動作，可減緩待產時的腰酸背痛。

待產過程中可採用的姿勢包括：散步、站立並靠在陪產者的身上、跳慢舞、直立式坐姿、側臥及蹲姿等。

QUESTION? 分娩時，如何監測胎兒的心跳？

ANSWER：

可間歇性地以聽診器或杜普勒超音波於固定時段監測胎兒心跳，或者是使用胎兒電子監視器。

胎兒電子監測器可以紀錄胎兒的心跳變化，同時紀錄胎兒心跳和子宮收縮間的關係。它的目的在於偵測哪些胎兒可能有缺氧的狀況，而需要採取人工協助的生產方式或者剖腹產。

不正常的胎心變化可能與日後寶寶的腦性麻痺有關，但是其特異性並不高，而且假陽性率很高。即使是持續性的胎兒電子監視器，也無法完全避免所有週產期的嬰兒死亡以及神經傷害。

好處：持續性胎兒電子監測器使用的好處是，可以持續紀錄胎心和子宮收縮的狀況，日後需要相關資料比較方便取得。

壞處：可能的壞處包括：胎兒心跳的複雜性讓判讀不易標準化；持續的監測儀器讓待產婦活動不便，比較不方便按摩，或採用不同的姿勢待產等讓婦女比較舒服的措施。

QUESTION? 生產時，可以用什麼姿勢，比較好用力呢？

ANSWER：

一般人的印象可能都還停留在平躺、兩腳跨高的生產姿勢；但是這樣的姿勢並不是唯一的用力姿勢。事實上，用力時可以跪著、蹲著、抬頭挺胸坐著或趴著來保持身體腰部以上的直立，而且可能會比較符合生理。

研究發現，對於未使用硬膜下麻醉止痛的產婦而言，與仰躺以及雙腳抬高的姿勢相比，在第一產程可以走動及使用直立姿勢生產的產婦可以減少第一產程的時間約 1 小時 22 分鐘。較少需要剖腹產，並

可減少使用硬膜下麻醉止痛的機會。因此，目前的建議是，應該鼓勵產婦以她們自己覺得最舒服的姿勢生產。

QUESTION? 我要接受灌腸嗎？

ANSWER：

　　灌腸是指由肛門灌入甘油球或水等，排除在大腸內的糞便。有些人認為灌腸可以減少感染的機會，如果媽媽在產前一天內沒有排便，產後第一次解便可能會讓會陰切開地方不舒服。然而研究發現灌腸對於會陰傷口感染或者是嬰兒的感染沒有預防效果，也沒有讓待產婦女感覺比較好，故目前不建議常規的給予灌腸。

QUESTION? 我要接受剃毛嗎？

ANSWER：

　　剃除的範圍是從陰道口至肛門，是以女陰部下三分之一為剃除陰毛的範圍。有人認為，剃毛有利於傷口的縫合，可以減少會陰傷口感染的機會，但是研究並沒有發現剃毛與否與感染的相關性。但可能造成小刮傷而增加細菌增生的機會，且毛髮生長時可能引起局部發癢不適，也有些婦女會覺得尷尬。目前不建議常規的剃毛。

QUESTION? 我要接受會陰切開術嗎？

ANSWER：

　　所謂會陰切開，是在產婦臨盆胎頭快要生出來時，用剪刀將會陰切開，使產道的出口變寬，以利胎兒的娩出。

　　有人認為，會陰切開可以減少第三度的會陰及陰道裂傷，減少骨盆腔鬆弛（日後易造成小便失禁、膀胱下墜等問題），比起自然的裂傷較好，縫合、癒合也較好；也可縮短第二產程，減少胎兒缺氧、腦部出血，也可能減少肩難產。

相反的，有人認為，常規的會陰切開可能會讓裂傷順著剪開的傷口延伸更厲害，更容易大小便失禁、肛門括約肌受損、產後出血和血腫，以及傷口感染和裂開，而且並不能減少胎兒傷害。

研究發現對於自然產無需其它器械協助的婦女，選擇性非常規會陰切開與常規的會陰切開相比，可減少 30% 嚴重的會陰部／陰道傷害。對於嬰兒出生時的狀況或者是母親的會陰感染、尿失禁、子宮下垂的影響，選擇性或是常規性的會陰切開兩者沒有差別。因此目前證據傾向不要常規的會陰切開。

QUESTION? 我要接受靜脈點滴注射嗎？

ANSWER：

靜脈點滴注射是由婦女手臂注入液體，便於施打催生藥物及子宮收縮劑，以及「預防萬一」提供緊急狀況發生時的輸血管路。

但是，它可能會讓產婦的活動受到限制。可以選擇不要常規接受靜脈點滴注射，或請醫護人員留置針頭，有需要時再加上靜脈輸液。

QUESTION? 我可以進食嗎？

ANSWER：

有人認為，常規地限制待產時不能攝取食物，可以減少萬一需要麻醉時食物逆流的危險，可避免逆流造成的氣管堵塞以及缺氧。

但是每個人的產程快慢不一，正常生產婦女選擇低渣、低脂、清淡的食物、少量多餐，可以避免飢餓感及第二產程時沒力氣用力。但如有緊急手術的可能性時，就須限制進食，由靜脈點滴補充能量。

●懷孕的媽媽和爸爸在醫院診間與醫師
一起討論生產計畫書。

■ 善用生產計畫書，有助順利生產

「生產計畫書」就像一張清單，提醒準爸媽們在產前應該思考、討論，
並且可以和醫療團隊溝通的事項。

這是孕婦和其家人（或陪產者）在了解生產的過程及一般程序，獲得
充分的資訊、一起討論後所寫下的簡短扼要的項目，然後再與醫護人員溝
通後定稿。目前有一些醫療院所已經開始提供這樣的服務給孕婦參考（請
參考 P.57）。

　　妳可以簡單地列出自己的選項，並且評估這些選項是否會獲得生產醫護團隊的支持。如果答案是沒有，那麼自己是否可以接受或妥協？或者是否要再評估，考慮更換產檢醫院。

　　在每次產檢時，與主要接生者、生產醫療團隊有接觸時，都可提出來討論，並確切地強調，這是在正常標準的生產情況下設立的方案。除此之外，還要討論如果生產時發生危急狀況，接生人員將會如何面對和處理。

　　要有確切的心理準備，了解所謂的生產計畫書的內容，是有彈性且可變通的。媽媽和寶寶的健康和安全優於一切；因此，如果在生產過程中，發生了緊急危險的狀況時，醫療團隊會根據當時的狀況，改變原先的生產計畫。

　　因此，應有心理準備，有哪些事是妳所期待但可能無法達成的，以適時地降低期望值，減低失落感。

　　生產計畫只是一個喜好的說明，而不是一個合同；如果孕婦有一些想法的改變，或有新的想法例如，麻醉的需要、誰可以陪產等，這些希望都應該會被尊重，所以還是可以依當時的情況而有所改變。

　　媽媽可以選擇自己希望的生產方式來迎接寶寶。

INFORMATION

生產計畫書參考範本表

準媽媽姓名：	準爸爸姓名：
年齡： 胎次：	胎預產期： 年 月 日
我最期望的陪產者是：	他（她）的大名：

　　我期待一個健康、愉快的生產經驗，也充分了解以下各項資訊，我知道並非所有的事情都一定得按著計畫進行，它是有彈性的，必須視生產當時的情況做必要的醫療程序。以下的種種是要讓醫療院所的工作人員聽到我的聲音，知道我的需求。經過討論了解之後，我做下列的勾選：

選　項

☐ 我要剃除部分陰毛	☐ 我不要剃除部分陰毛
☐ 我接受灌腸	☐ 我入院前已經解過大便，我不要灌腸
☐ 我接受靜脈點滴注射	☐ 我希望在進入產房之前不要點滴注射
☐ 我選擇不要喝／吃點東西	☐ 我要喝／吃點東西
☐ 我選擇完全臥床待產	☐ 我希望能下床走動
☐ 需要時我要淋浴	☐ 我不需淋浴
☐ 我要持續使用胎兒電子監視器	☐ 我要間歇使用胎兒電子監視器
☐ 我選擇躺在床上用力	☐ 我要採腰部以上直立姿勢用力
☐ 我接受常規的會陰切開	☐ 我希望是經醫師判斷後的選擇性會陰切開

我的簽名： 醫師／助產士簽名： 日期： 年 月 日

（資料來源：郭素珍96年度國民健康局「婦女親善生產實驗計畫」結案報告）

哺乳筆記

PART

3

哺乳成功要訣

哺育母乳是一件自然的事,但並不代表它是件容易的
事,它如同做媽媽一樣,需要學習。
好的開始是成功的一半,不論妳是自然產或剖腹產,
盡快學習正確的姿勢和技巧,都可以避免妳一些日後
可能產生的困難。

產後即刻的肌膚接觸，有助寶寶學習吸奶

不論妳是自然產還是剖腹產，只要妳和寶寶的狀況允許時，在生產後即可要求和寶寶有直接的肌膚接觸，如此將有助於寶寶找到妳的乳房，且學會吸吮母乳。

■ 自然產媽媽，親子接觸時間愈長愈好

只要妳和寶寶的狀況允許（沒有早產，沒有因為使用麻藥而昏睡等情形，寶寶一般狀況穩定）時，在生產後即可和寶寶有直接的肌膚接觸。如果在產檯上的時間很短，也應盡快在產後恢復室開始與寶寶第一次的接觸及哺乳。

因為在出生後的頭 1 個小時，是新生兒最清醒的時候，當健康的新生寶寶在產後立刻被放在妳的胸腹部，皮膚貼著皮膚時，經過一段的休息時間後，在妳溫柔撫摸的刺激下，他會慢慢蠕爬找到妳的乳房。

足夠的肌膚接觸，有助母嬰健康

寶寶會以小手或是頭溫柔的接觸並按摩妳的乳房，這會刺激妳體內荷爾蒙的釋放，幫助妳子宮收縮，減少產後出血的情形，同時讓奶水開始流動；接著寶寶可能聞或是用嘴巴、舌頭舔妳的乳頭，最後會含上乳房並且開始吸吮。

大部分的寶寶大約在產後 20 分鐘左右，才開始有蠕動的表現，大約是 60 到 90 分鐘左右才真正喝到奶，因此產後肌膚接觸的時間愈長愈好。有過這段自己尋找乳房且含上乳房經驗的寶寶，之後的哺乳會比較順利。

研究也發現，出生後有足夠時間（約90分鐘）和媽媽肌膚接觸的寶寶，體溫較穩定、呼吸較平穩、較不易有低血糖，也較不會哭鬧。我們更鼓勵爸爸參與這一段親子接觸的過程，這段時間的相處，對整個家庭而言，更是一個奇妙的經驗。

學者也認為，及早的肌膚接觸，讓寶寶第一時間就接觸到媽媽身上的正常菌種，這大多是無害的（或者母乳中含有對抗該菌種的保護因子）。這些菌種叢生在寶寶的腸道及皮膚，可以對抗來自醫療工作人員及環境中比較有害的細菌，避免感染。此外，肌膚接觸也有助於媽媽心情的放鬆、子宮的收縮以及胎盤的排出。因此即使是因為一些因素無法哺乳的母親，我們仍高度建議不要放棄產後馬上和寶寶肌膚接觸的機會。

尊重寶寶的個別差異，不要強迫寶寶含乳

但是要注意的是，每個寶寶都是不同的個體，開始想喝奶的時間不等。即使寶寶還未開始吸吮，只要享受和寶寶肌膚接觸的時刻，寶寶會認得妳的聲音，心跳和氣味的。

每個寶寶都是不同的個體，有些寶寶（尤其是媽媽在生產過程使用過止痛藥物或麻醉藥物者）不一定會有吸吮的動作，或者是尋找的時間會比較久一些，請不要著急，不要強迫寶寶含乳，放輕鬆享受和寶寶在一起的初體驗吧！

如果媽媽因為一些狀況無法提供產後即刻的肌膚接觸，爸爸也可以提供寶寶一生下來就需要的溫暖及撫觸。

■ 剖腹產媽媽，愈早哺乳愈好

即使是剖腹產，接受麻醉的媽媽，只要清醒過來，就可以要求和寶寶有肌膚接觸的機會，這個時候，妳可能會需要人幫忙。

只要體力允許，盡量 24 小時親子同室

　　只要妳的體力許可，在生產時的第一次接觸後，就應盡早開始哺餵母乳。將寶寶放在妳的床邊，如此妳將會發現哺餵母乳是件舒服的事。台灣從民國 90 年起已開始有「母嬰親善醫院」的認證，符合標準的醫院應能提供 24 小時的親子同室。

媽媽採取半坐臥姿，寶寶比較容易吸到奶喔！

●產後肌膚接觸時，應注意讓寶寶的頭側一邊，以維持寶寶呼吸道的通暢。

產後就開始頻繁哺乳

最理想的狀況是：從產後即刻接觸後，寶寶就一直跟著妳回到產後病房。如果無法這樣，只要寶寶接受過基本處理後，也應盡快在 4 到 6 小時之內就回到妳身邊。

一開始就頻繁地哺餵母乳，可以避免及減少奶脹的不舒服，讓寶寶習慣吸吮妳的乳房，也可以讓妳的奶水更早充足（記得我們在前面提過奶水怎麼來的），所以親子同室對母乳哺育極為重要。

就近觀察寶寶的行為，根據他的需求餵奶

如果寶寶就放在旁邊，妳很容易就可以觀察寶寶的行為，並根據他的需要餵奶。如果無法將寶寶放在身旁時，仍要盡早餵食妳的寶寶。

很多媽媽會擔心一開始沒有奶水，但其實生產後，泌乳反射就開始作用了，而且剛出生一至兩天內寶寶的需求也不多，頭一天小寶寶的胃容量不過像一顆小彈珠一樣，不需要太多的奶水（請參見 P.93）。

寶寶愈早吸到母乳，可幫助他的腸胃蠕動，促進胎便排出。醫學研究已證實：餵食母乳次數愈多的寶寶，愈不容易有黃疸產生；同時愈早開始哺餵母乳，可以減輕日後媽媽乳房充盈脹奶的可能性。

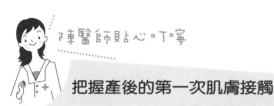

陳醫師貼心叮嚀

把握產後的第一次肌膚接觸

　　不論妳是否打算餵母乳，請不要放棄產後即刻的肌膚接觸，這不僅是迎接新生命一個最溫柔的開始，也有助於媽媽產後的恢復。如果產後無法馬上肌膚接觸，只要媽媽和寶寶的情況穩定後，就可以開始並繼續肌膚接觸。當媽媽因為某些因素無法馬上提供寶寶肌膚接觸時，爸爸也可以以自己的胸懷迎接新生寶寶，寶寶也較不會哭喔！

　　肌膚接觸時，媽媽最好能夠採取頭胸部微抬高的半坐臥姿勢而非平躺，這樣的姿勢可以加強寶寶的吸吮尋乳反射。如果寶寶處在休息的階段時，請注意寶寶的姿勢，頭要側一邊而不是整個趴面向妳的胸部，以維持寶寶呼吸道的通暢。如果媽媽本身比較疲累時，務必請家人在旁協助觀察寶寶的呼吸以及膚色。

只要寶寶想喝奶就餵

頭 1 個月，健康的足月寶寶需餵食次數約為 8 到 14 次，大部分為 10 到 12 次。（這些數字僅為參考，每個寶寶的個別差異性很大，最重要的是確定寶寶有喝到奶水）

寶寶可能在一天的某一時段常常要吸母奶，而在另一時段餵食的間隔較長。每個寶寶都是獨特的個體，盡量有彈性的配合他；相對地，在寶寶睡覺時，妳也要多休息。

■ 觀察寶寶想喝奶的表現，把握餵奶的時機

很多人以為要等到寶寶哭才餵奶，其實那個時候並不是最好的時機。當寶寶肚子餓時：他的呼吸聲音可能變得急促，會有張嘴、轉頭尋找的動作，有時會伸出舌頭，做出一些吸奶的動作，這時就是最好的餵奶時機，當寶寶在妳身邊時，妳很容易觀察到這些表徵。

這也是為什麼我們會建議，家人在寶寶出生後就讓寶寶在媽媽的身邊，如此媽媽和其他家人才能很容易就觀察到他要喝奶的表現。

寶寶尋乳的表徵有哪些？

 呼吸聲音可能變得急促。

 會有張嘴、轉頭尋找的動作。

 有時會伸出舌頭，做出一些吸奶的動作。

寶寶對母乳需求增加的時間

在寶寶身體不舒服，或是外界刺激過多時，寶寶可能會常要吸吮母乳以得到安全感及舒適感。此外，寶寶在下列的時間中，可能會出現因短暫的需求增加，而常要喝奶的行為；這並非妳的奶水不夠，只要順著寶寶的需求餵食，幾天之後就會供需協調。

在出院的頭幾天。

兩週大。

四到六週大。

三個月大及六個月大。

POINT 4　圖解哺乳技巧，母乳哺餵輕鬆上手

　　在剛開始前幾天的學習階段，妳可能會覺得自己的動作十分笨拙。不要急，慢慢來。正確的姿勢可以避免妳的乳頭酸痛或破皮。不論妳是如何抱寶寶，以下幾個基本要領都一樣。

■母乳哺育姿勢 3 大要領

1

媽媽的姿勢舒服

　　妳自己的姿勢要很舒服而放鬆，多利用枕頭、靠墊、椅子把手、腳凳等，使肌肉放鬆不費力。

●媽媽自己的姿勢要舒服
　而有支撐。

2 寶寶的姿勢正確

　　讓寶寶靠近妳，面對著妳的乳房，臉、胸部及腹部在同一平面，妳可以看到他一邊的耳朵、肩膀及骨盆側邊成一直線；鼻子及上唇正對著乳頭，不需扭轉、彎曲或伸展他的頭。（請參見右圖）

●讓寶寶臉、胸及腹部面向媽媽。

3 讓寶寶靠近乳房

　　等到寶寶嘴張得很大時，再將寶寶貼近乳房，而不是移動妳的乳房去靠近他。在寶寶出生的頭一個月，媽媽不只是托著他的頭和肩膀，也應托著他的臀部。（請參見右圖）

●讓寶寶靠近乳房，並托住他的臀部。

| 1 媽媽姿勢要舒服 | → | 2 寶寶的肚子緊靠著媽媽，鼻子、上唇對著媽媽的乳頭 | → | 3 抱寶寶靠近乳房，而不是乳房靠近寶寶 |

母乳哺餵 3 大必學要領

■ 哺乳必學姿勢，讓哺乳更輕鬆

臥姿：最舒服、方便的姿勢

臥姿是舒服且方便的姿勢，建議所有的媽媽一定要學會，以讓餵奶變得更輕鬆。

步驟 1：身體側躺在床上，膝蓋微彎曲，放一些枕頭在頭下、兩腿間及背後。

步驟 2：同側的手放在頭下，用對側的手來支撐寶寶的頭和背部（或將同側的手放在寶寶的頭下並支持他的背部）。請記得讓寶寶身體要整個側過來面對著媽媽的身體。

步驟 3：先餵躺下那一側的乳房。要餵對側乳房時，媽媽可以稍微將身體往寶寶方向前傾，讓對側乳房靠近寶寶的嘴巴，或是抱著寶寶一起翻身。

●躺著餵奶是最舒服方便的姿勢。

坐姿：分橄欖球式、修正式橄欖球式、搖籃式抱法

找一個有椅背的椅子，很舒服的將妳的背部靠著椅背。雙腳放於腳凳上，在膝蓋上放一個枕頭。

橄欖球式抱法：乳頭疼痛、破皮時的減痛姿勢

如果妳有乳頭疼痛或破皮的情形，有時改以橄欖球式抱法可以減輕症狀。

步驟 1：像抱橄欖球一樣，以妳的手托著寶寶的頭，用妳的手臂支撐他的身體，讓他的腳在妳的背後（或是用手臂將他的身體夾在妳的腋下）。

步驟 2：以枕頭墊在他的身體下，讓他的頭靠近妳的乳房。

●橄欖球式抱法。

修正式橄欖球式抱法：**適用於剛出生的寶寶**

類似的橄欖球式的修正式抱法最適用於剛出生的寶寶，因為可以很清楚的看到寶寶的嘴是否含到妳的乳房，同時也很容易調整寶寶身體的姿勢來靠近妳。

步驟 1：像抱橄欖球一樣，以妳的手托著寶寶的頭，用妳的手臂支撐他的身體，讓他的腳在妳的背後（或是用手臂將他的身體夾在妳的腋下）。

步驟 2：以枕頭墊在他的身體下，讓他的身體橫過妳的胸部，吸對側乳房。

●修正過的橄欖球式抱法。

搖籃式抱法：一般餵奶的姿勢

當寶寶的頭還不能自行抬起時，可以將寶寶橫抱在妳的臂彎中餵奶。

 步驟 1：讓寶寶的頭枕在妳的手肘，以妳的前臂支撐寶寶的身體。

 步驟 2：讓寶寶的肚子緊貼著妳的胸腹，他的一隻手繞到妳的背後，
一隻手放在妳的胸前。

●搖籃式抱法。

 陳醫師貼心叮嚀

餵奶時不要強壓寶寶的頭

其實，還有很多餵奶姿勢，媽媽可以視自己的需求選擇適合
的姿勢。最重要的是：

💧 讓寶寶的下巴、胸、腹部都緊貼著妳的身體。
💧 抱緊的時候，壓著寶寶的臀部和肩膀，托著頭部即可。不
要強壓寶寶的頭，以免讓寶寶因為不舒服而將頭往後仰，
遠離妳的乳房。

POINT 5　成功哺育 3 大原則，圖解教學

　　良好的餵食姿勢和技巧是成功關鍵，想要成功哺餵母乳，有 3 大原則妳必須一一確認，即適當地支托妳的乳房、讓寶寶正確地含住乳房，並且要記得換邊餵，再餵完後幫寶寶排氣，以防止溢奶。

■ 以 C 型握法適當支托乳房

　　這個動作不一定需要，較大的乳房可能需要這個動作來幫忙，使寶寶比較容易吸吮。

用正確的 C 型握法

　　「大拇指在上，其他四指在下」支托乳房，此時大拇指和食指成 C 字型。注意！手指不要碰到乳暈；同時還要注意盡量讓寶寶的嘴來就妳的乳房，而不是托著妳的乳房去靠近寶寶的嘴。（請參見右圖）

不建議使用的剪刀式握法

　　有人用「食指在上，中指在下」像剪刀式的托住乳房，但是這種方式比較不容易讓寶寶含住整個乳暈，同時也可能會壓迫到乳腺管，而造成腺體不通；因此，我並不建議使用這種握法。

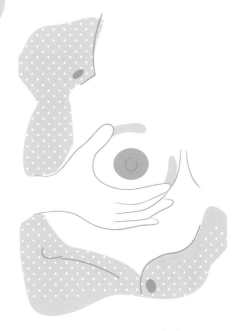

●C 型握法使寶寶更容易吸吮。

▌讓寶寶正確含住乳房（含奶）

選擇適合的哺育姿勢抱妳的寶寶（請參見 P.67），並讓他的鼻子或上唇正對著妳的乳頭。

⬇

盡量等他自己出現尋乳表現，並將嘴巴張的像打哈欠般那麼大時（請參見下圖 A），再很快地將他抱近乳房，讓他的下唇盡可能含住大部分的乳暈（請參見下圖 B）。

正確含乳秘訣

　　妳可以輕觸其上唇來鼓勵他，或者將妳的手指放入他的掌心刺激他抓握，他的嘴巴可能就會張大（請參見下圖 A），很快地將他抱近乳房，讓他的下唇盡可能含住大部分的乳暈（請參見下圖 B）。

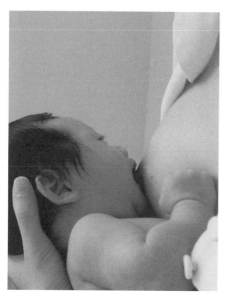

●圖 A（陳昭惠醫師攝）

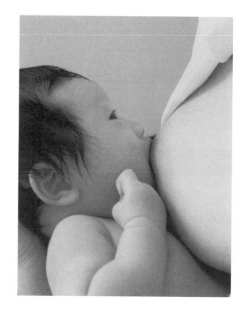

●圖 B（陳昭惠醫師攝）

含奶姿勢不正確時，和寶寶再重試一次

如果寶寶含得正確時，在快速吸幾口後會變成慢而深的吸吮，同時間隔著休息。 ○

如果在餵食中乳房持續疼痛，可能是寶寶含得不好。 ✗

此時可以小指由寶寶的嘴角輕輕伸入口中，下壓下齒齦，使寶寶嘴巴張開停止吸奶（請參見下圖），再將乳房移出嘴巴，重新試一次。如果疼痛持續，則可能需要請有經驗的人幫忙。

●輕壓嘴角，使寶寶嘴巴張開
　停止吸奶。

陳醫師貼心叮嚀

確定寶寶以正確的姿勢含乳

當寶寶含住乳房時，妳應確認：

💧 他嘴巴張的很大，含住一大口乳房。

💧 下巴貼著乳房。

💧 下唇外翻（有時不易看到）。

■ 換邊及排氣，防止溢奶

不認真吸吮時，可考慮換邊餵

　　有的寶寶認真吸吮一小段時間後，變成是快速不認真的吸乳頭，此時可以試著擠壓乳房鼓勵寶寶再認真吸吮。如果仍是不認真吸吮時，即使他還不鬆口，也可以考慮換邊餵奶。

　　至於一次究竟要餵一邊或者是兩邊，就看寶寶換邊後還有沒有想吃的表現來決定。

容易溢奶的寶寶，可試著排氣

　　直接吸母奶時比較不容易吸到空氣，不一定需要排氣；尤其是夜間躺著餵奶時，如果媽媽或寶寶都睡著了，不一定要刻意將寶寶再抱起來排氣。但是如果寶寶比較容易溢奶時，則可試著幫他排氣；妳可以在餵食中間先排氣再換邊餵，或是兩邊都餵過後再排氣。

　　步驟 1：將寶寶抱直，頭靠在妳肩上，或是讓他坐在腿上。（如右圖）

　　步驟 2：用手支撐寶寶的頭部，溫和地輕拍或按摩他的背部。

　　吸母奶時比較不容易吸到空氣，如果妳輕拍或按摩很久，寶寶仍不排氣時，可試著讓他先躺平，接著慢慢抱直立起來後再重拍一次；如果仍是不排氣，可以不用勉強。

■ 良好的餵食姿勢和技巧是成功關鍵

　　良好的餵食姿勢和技巧，在出生後前一、二週尤其重要，可以確保寶寶吃到妳乳房中已經存在的奶水，促進更多的奶水分泌；同時可以避免妳不必要的乳頭痛、乳房腫脹及腰酸背痛。當妳和寶寶逐漸適應彼此的關係時，就可以比較不用在意這些了。

再次確認妳的餵奶姿勢是否正確

☐ 寶寶吸奶時，妳的乳頭不會疼痛（除非已有乳頭破皮）。

☐ 寶寶吸奶時，他的兩頰不會極度凹陷。

☐ 在他吸奶時，不會有啪叮的聲音。

☐ 當他吸到奶水時，吸吮的速度會變慢變深，約一秒一次。同時可看到可觀察到嘴巴張大——→暫停——→再閉起來動作，並偶爾可聽到吞嚥的聲音。

☐ 在他吸奶時，妳可以看到他的喉嚨有吞嚥的的動作（吸吮時，下巴先往下移動，當吸到奶水時，下巴會暫停不動。吸到的奶水愈多，暫停時間就愈明顯。）

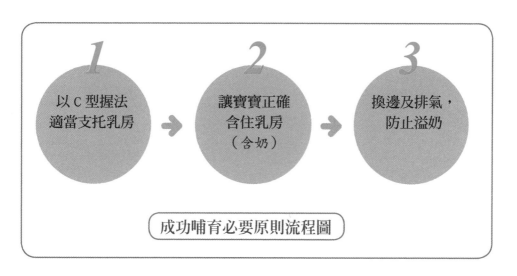

成功哺育必要原則流程圖

1 以C型握法適當支托乳房 → 2 讓寶寶正確含住乳房（含奶） → 3 換邊及排氣，防止溢奶

■ 幫助寶寶找回吸奶的本能

越來越多的研究以及觀察發現到：就像所有哺乳動物的新生兒一樣，人類的寶寶在自然狀況下，也有能力自己找到媽媽的乳房並開始吸吮，這個能力可能持續到出生後幾個月內。所謂的嬰兒引導的哺乳 (baby lead breastfeeding)，或生物性養育 (biologic nurturing) 就是運用這些嬰兒的本能。

盡量由嬰兒來指引哺乳

雖然寶寶有能力自己找到媽媽的乳房並開始吸吮，但他可能需要媽媽的協助來讓自己比較安定、平穩，這個本能才得以展現。妳應該如何幫助他呢？

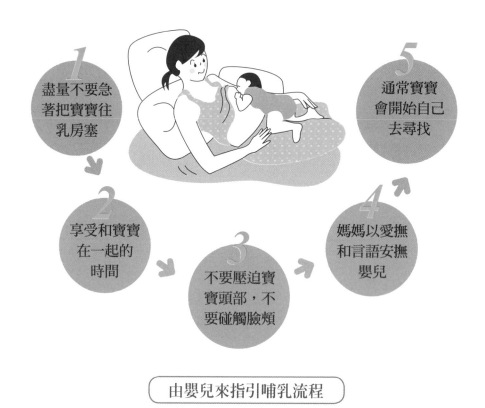

1 盡量不要急著把寶寶往乳房塞

2 享受和寶寶在一起的時間

3 不要壓迫寶寶頭部，不要碰觸臉頰

4 媽媽以愛撫和言語安撫嬰兒

5 通常寶寶會開始自己去尋找

由嬰兒來指引哺乳流程

😊 媽媽先墊一些靠枕在背後及腰部，舒服地斜躺著。

😊 不要急著把寶寶往乳房塞。

😊 享受和寶寶在一起的時間。

出生頭1至2個月時可以直接讓媽媽和寶寶有充分的肌膚接觸，3
至4個月以上的嬰兒或許會喜歡穿上一件合身的連身衣服。（這個
部分也有的人認為任何年紀都可以持續直接肌膚接觸，就看寶寶的
表現喜好吧！）

😊 讓寶寶直立趴在媽媽胸前。

媽媽以手穩固住寶寶的肩膀、軀幹以及臀部，不要壓迫到頭部，手
指不要碰觸到寶寶的臉頰，否則寶寶會因為尋乳反射而將臉轉向媽
媽的手指而非乳房。

😊 鼓勵媽媽安撫寶寶。

鼓勵媽媽以愛撫以及言語安撫嬰兒，讓嬰兒維持平靜。如果寶寶非
常煩躁，必要時可以讓寶寶吸吮一下媽媽的手指安定下來。

😊 讓寶寶自己尋找。

通常寶寶會開始自己去尋找，他可能是頭一步步慢慢地轉向媽媽的
乳房，或者是一下子頭就垂下來靠近乳房。當他的臉頰靠近乳房時，
自然就會轉動頭去尋找乳頭；當他的下巴貼緊乳房時，嘴巴就會張
開往上一大口含住乳房。

堅定信念，剖腹產媽媽也能順利餵母乳

剖腹產的媽媽一樣可以哺育母乳，除了一般我們常說的好處外，哺育母乳還可以促進子宮收縮，促進手術後的恢復。

▌產前及術後的準備工作

有些媽媽會擔心產後無法馬上就到寶寶身邊哺乳，其實只要做好準備，並沒有想像中困難。

產前，徵求醫護及另一半的支持

如媽媽在產前就知道必須剖腹產時，最好能和產科醫師及家庭醫師談談妳對哺育母乳的看法及為什麼要哺乳，如此他們才能給予協助。

更重要的是，讓另一半瞭解妳對哺育母乳的感覺，他的完全支持是妳成功的一個重要因素。他的幫助可以讓妳在產後得到充分的休息，或者妳也可以在事前就請人來幫忙做家事。

有些媽媽會擔心產後無法馬上到寶寶身邊哺乳，而在事前就開始擠奶儲存少量的初乳（請參見本書 P.118）。不過，這並非絕對必要。

術後，請旁人協助調整抱寶寶的姿勢

手術後通常都會打點滴和插導尿管，盡可能在術後及早與寶寶有肌膚接觸並哺育母乳，只要媽媽清醒時就可開始。

可請護士或是先生在旁協助，讓寶寶直接躺在媽媽的胸前開始肌膚接觸，如果寶寶有想喝奶的表現時，請旁邊協助的人幫忙調整抱寶寶的姿勢。妳及另一半的態度會影響醫師的作法，只要讓他了解妳們非常想餵母奶，大多數的醫師都會盡量幫忙。

如果能親子同室，媽媽可以很清楚知道寶寶何時要喝奶（請參見本書 P.62），在旁人的協助下，也可以很輕鬆地餵奶。

如果醫院不提供親子同室，可以要求工作人員，在寶寶想喝奶時，就將他抱到媽媽的房間餵奶。如果這樣的作法還不可行時，在媽媽還無法下床時，應盡快開始擠奶（請參見本書 P.118）。雖然剛開始奶水不多，但是這樣做可以使媽媽的奶水分泌增加，也可避免日後脹奶的不舒服；擠出來的奶水也可給寶寶喝，讓他早點獲得媽媽給他的抗體。

盡早下床活動，可促進媽媽的傷口癒合。傷口痛時，可以吃止痛藥，大多數的藥物都不會經由母奶而影響寶寶。

多休息，適量地進食以及補充水分。

陳醫師貼心叮嚀

返家後，盡量簡化家事及訪客

◆ 從醫院回家後，盡量簡化家事，並請人幫忙，如先生，且盡量減少訪客。

◆ 把寶寶放在媽媽身旁，如此不用太費力即可照顧寶寶。

◆ 在媽媽的床旁放一張小桌子，放置一些所需要的飲料、營養點心及需要的物品。

◆ 在房間放一張舒適的椅子，如果媽媽想坐著餵奶時就可以用得到。

■ 剖腹產媽媽，可選擇的餵奶姿勢

臥姿，是剖腹產媽媽最適合的餵奶姿勢，或者也可以採用修正過橄欖球式抱法、橄欖球式抱法，較不易碰到傷口。

臥姿，最好的餵奶方式

對剖腹產的媽媽而言，最好的方式就是躺著餵。步驟如下：

> 把床放平，欄杆拉起來，用枕頭墊在背後。媽媽可以抓住欄杆，腹部放輕鬆，慢慢將身體側到一邊。用毛毯或捲起來的毛巾蓋住腹部，以免寶寶踢到媽媽的傷口，兩腳彎曲，放個枕頭在兩膝蓋間，放鬆背靠著枕頭。

> 再由先生或護士，讓寶寶側躺在媽媽的身邊，胸對胸，讓他的鼻子和上嘴唇對著媽媽的乳頭，等他張大嘴巴時，即可抱近乳房開始餵奶。

> 餵一邊乳房直到寶寶自己鬆口。

小訣竅：
等到媽媽的傷口不痛時，就可自己抱著寶寶轉身。

> 如果寶寶還想再吸奶時，
> 請先生或護士將他抱至對側。

> 媽媽先把腳放平，慢慢轉動臀部，盡量不要碰到傷口。
> 利用對側的欄杆慢慢轉身，並把枕頭換側置於背後。

修正過橄欖球式抱法或橄欖球式抱法，另一種選擇

　　媽媽也可以坐在床上，雙腳彎曲，以一個枕頭放在傷口上，再用修正過橄欖球式抱法，或是橄欖球式抱法抱住寶寶，如此比較不會碰到傷口。

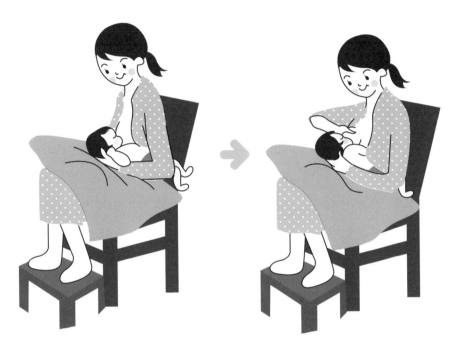

●橄欖球式抱法或修正過橄欖球式抱
　法，比較不會觸碰到傷口。

●臥姿是剖腹產媽媽言，最好
　且最適宜的餵奶方式。

哺乳筆記

了解新生寶寶

寶寶出生頭 3 天是母乳哺育的成功關鍵期。

雖然寶寶出生時都帶著自己的水壺和便當,所以在母乳量大量增加前的頭 2 至 3 天,正常的寶寶可以靠著自己攜帶的糧食以及媽媽提供的初乳度過。但如果妳不了解寶寶,可能會錯過他所釋放的種種訊息。

了解新生寶寶的生、心理需求

　　頭三個月的寶寶之行為以及需求比較像是第四期的胎兒。在肚子裡的胎兒對營養及擁抱的需求是無時不刻的。期待寶寶出生後可以立即定時定量，自己獨立，無需他人協助是不合實際的期待。

　　產後頭一個月，應盡量和新生寶寶在一起，這樣有助了解寶寶的各種需求，加上周圍專業人員及家人適當的支持及協助，不僅有助於哺育寶寶，也可減少新手爸媽育嬰的挫折。

■ 新生寶寶的生理需求，即刻的肌膚接觸

　　曾經有這麼一個有趣的研究，新生兒出生後給予下面三種不同的處置，並觀察他們的反應。

第一組：新生兒躺在媽媽的懷裡，持續和媽媽有皮膚對皮膚的接觸90 分鐘。

第二組：寶寶先被放在單獨的小床並和媽媽分開 45 分鐘，之後再回到媽媽懷裡，和媽媽有皮膚對皮膚的接觸 45 分鐘。

第三組：新生兒一直被放在單獨的小床並和媽媽分開。

　　結果發現，第一組的寶寶大多數在實驗開始的 1 分鐘內就停止哭鬧，且所有的寶寶和媽媽在一起的時段中都不再哭鬧。第二組的寶寶在與媽媽分開的時間中仍持續哭鬧，但當他們回到媽媽懷裡時就停止哭鬧。而第三組的寶寶在整個觀察期中維持斷斷續續的哭鬧。

出生後親密的肌膚接觸，有助寶寶健康

這樣的實驗結果讓我們知道，初生寶寶的哭聲不僅是表現他的生命力而已，可能同其他哺乳類的新生兒一樣，是發出訊息讓媽媽能找到他，所以當他和媽媽在一起時，就無需哭鬧。

同樣的觀察中還發現，新生兒出生後馬上和媽媽有皮膚之接觸的寶寶，體溫較穩定且體內的代謝變化很快能適應外界。當新生兒躺在媽媽胸懷時，他會慢慢熟悉媽媽的聲音、心跳及身體，然後自己慢慢地蠕動，找到媽媽的乳房，然後開始吸奶。

當寶寶吸吮乳房時，媽媽和寶寶都會分泌 19 種不同的胃腸道賀爾蒙，包括：cholecystokinin 及 gastrin，可以刺激寶寶腸道絨毛的生長，以增加其每一餐餵食的吸收。所以就生物學的觀點而言，出生後馬上和媽媽在一起，對寶寶的生存是有必要的。

1
新生兒躺在媽媽的懷裡 90 分鐘 → 大多數在 1 分鐘內就停止哭鬧，且寶寶和媽媽在一起的時段中都不再哭鬧

2
寶寶先被放在單獨的小床 45 分鐘之後再回到媽媽懷裡 45 分鐘 → 與媽媽分開時仍持續哭鬧，但回到媽媽懷裡時就停止

3
新生兒一直被放在單獨的小床和媽媽分開 → 在整個觀察期中維持斷斷續續的哭鬧

新生兒出生後給予三種不同的處置

■ 新生寶寶的心理需求，建立穩固的依附關係

出生前後一直到頭幾年之間，寶寶的腦部仍在進行著非常重要的整合過程。腦中數千萬個神經元之間必須產生連接，建立神經傳導的通道。腦部這些高速公路的建造和生活的經驗是很有相關的。

有一些被期待的經驗是必須的，錯過了時機沒有這些經驗的輸入，這條通道可能就沒了。這個過程中嬰幼兒期待的經驗是什麼？除了肚子要吃飽外，還要一個溫暖的胸懷，及知道有人愛他的安全感。

基本需求被滿足，奠定寶寶心理健康

出生後 1 至 2 個月及 1 至 2 年是父母家人和寶寶產生情感依附的重要時刻。人類學家以及心理學家一再地證實，嬰兒期的基本需求被滿足愈多的小孩，長大後愈獨立、人格發展愈正常、心理愈穩定。

心理學家觀察發現，寶寶第一年的主要目標是和主要照顧者建立依附關係，發展日後自我協調的能力。穩固的依附關係是寶寶心理健康的基礎，使個體能調節因為環境中好的刺激或不好的壓力所產生的正負向情緒，這樣的關係建立是從出生之後就持續進行著。

新生兒就有能力使用動作以及感覺能力（嗅覺、味覺、觸覺、視覺和聽覺）和周遭環境互動，而照顧者針對寶寶的表現修正照顧的方式、量、變異性及時間，這樣的過程對於寶寶的腦部發展，尤其是頭兩至三年的右腦發展極為重要。

長期親子分離，不利幼兒行為發展

在五十年代一系列靈長類動物實驗顯示，單獨飼養在籠子內的小猴子的發展會較差。出生後就和媽媽分開的小猴子，當牠面對兩隻鐵絲架做的假媽媽時，牠會選擇有絨毛布蓋住表面的假媽媽，而不是只有乳頭和奶水的鐵絲架假媽媽。

和媽媽或假媽媽分開的小猴子會有一些不正常的自我安撫行為，如吸手指、搖晃等，同時也較退縮。這些影響一直持續到小猴子長大成大猴子時，牠們較少有社會性的活動，比較會有攻擊性；或會呈現類似憤怒及沮喪的動作。

這些反應在某些高危險的族群中特別明顯。幸而，這些不正常的行為在這些動物再次接受回到媽媽及同輩的族群中時，就會獲得改善。但是身體中已經產生的一些免疫系統不良反應仍會持續存在。

因此，學者認為親子分離其實是對新生兒的一種暴力，違反了大自然原本的設計。

●新生寶寶出生後，父母應盡量滿足他的
基本需求，讓他感受到父母的愛。

■ 親子同室，有助寶寶的心理及腦部發展

一個通過認證的母嬰親善醫院可以提供 24 小時的親子同室的服務。所謂的親子同室就是讓寶寶和媽媽以及家人在同一個房間內，醫療團隊會定期來探視家庭，提供必要的支持以及協助。

親子同室，幫助爸媽了解寶寶的需要

親子同室可以讓家人在工作人員的協助下，更早認識自己的新生寶寶，學習如何照顧他，並促進家人的親子關係（請參考 P.92）。

當寶寶和媽媽在一起的時候，媽媽可以很容易的看到寶寶想吸奶的表現，在醫護人員以及家人的協助下可以立即哺乳，減少媽媽來回嬰兒室和病房間的疲憊。而寶寶生、心理需求可以得到最直接的回應，有助於生、心理以及腦部發展。

此外，父母和家人還可以在醫護人員的協助下，了解寶寶正常的表現，學習寶寶的行為暗示，以及如何滿足寶寶的生理，並安撫他們等。一般的寶寶在出生後的頭 2 至 3 個小時是最清醒的時候，經過第一餐的餵食之後通常就會進入睡眠期。

親子同室，減少產後媽媽的疲累

產後頭一個月媽媽的生活重心最重要的就是照顧自己和寶寶，除了餵奶、自己的進食，以及身體的清潔外，建議盡量多休息。

親子同室可以減少媽媽往返於嬰兒室和產後病房的疲憊，讓媽媽可以和寶寶一起睡覺或者休息，此外，媽媽也可以接受到家人以及醫療工作人員的照顧以及協助，讓自己的身體以及心理比較容易得到完整的休息以及恢復。

建議盡量減少不必要的訪客。而除了餵食之外，請家人多學習及協助其他寶寶的照顧，如換尿片、安撫寶寶等。

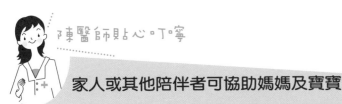 陳醫師貼心叮嚀

家人或其他陪伴者可協助媽媽及寶寶

協 助 媽 媽

☐ 和媽媽一起學習了解哺乳的相關事項。

☐ 確定媽媽在哺乳過程中的舒適。

☐ 注意哺乳過程中寶寶的姿勢及含奶姿勢是否正確。

☐ 確定媽媽得到所需要的睡眠和休息。

☐ 保護媽媽免於太多的干擾。

☐ 了解媽媽在產後頭一至兩個月會比較敏感，多使用正面鼓勵的話語，和媽媽維持良好的溝通。

協 助 照 顧 寶 寶

☐ 幫小寶寶換尿褲、尿布、洗澡。

☐ 抱寶寶給媽媽餵奶。

☐ 抱著寶寶，享受肌膚接觸的時光。

☐ 安撫寶寶。

☐ 和寶寶說話，唱歌給他聽。

☐ 當媽媽洗澡、吃飯時，幫忙抱寶寶。

新生寶寶出生頭幾天的飲食狀態

　　其實寶寶出生時都帶著自己的水壺和便當，懷孕初期，胎兒水分含量為體重的 95％，出生時減少到 75％。新生兒體內儲存有肝醣、葡萄糖等碳水化合物、蛋白質及脂肪，可以產生酮體提供能量。

■ 寶寶帶著糧食出生，母乳需求不多

　　上述的營養就是新生兒的水壺和便當，在母乳量大量增加前的頭 2 至 3 天，正常的寶寶靠著自己攜帶的糧食及媽媽提供的初乳就可度過。

親子同室，可減少寶寶能量的耗損

　　如果能持續的親子同室及肌膚接觸，寶寶會比較穩定安靜，減少能量不必要的耗損。但是如果寶寶和媽媽分開時，因為哭鬧、過度運動，就可能消耗太快。

　　研究也發現，哺乳的寶寶體內生酮的反應比吃配方奶的寶寶高，可以提供腦部所需要的能量。

新生寶寶的食量與媽媽奶水的變化

　　新生寶寶頭一天的胃容量大約只有 5 到 7 毫升（相當於一顆小玻璃彈珠），而且其伸展性較差，頭一天的初乳量就足夠正常足月寶寶的需求。

　　到了第三天，寶寶的胃逐漸伸展，胃容量增加到 22 到 27 毫升左右，媽媽的奶水量也逐漸增加。

　　到了十天左右，寶寶的胃容量大概伸展至 45 到 60 毫升左右，就像他的小拳頭。少量多餐的餵食方式對於新生兒其實是比較健康的餵食方式，一天餵食 8 到 14 次左右是很常見的。

■ 出生「第二晚」的哭鬧，不是沒喝飽

由寶寶的飲食狀態來看，我們得知正常足月的寶寶頭 2 至 3 天對於奶水的需求其實並不多，但是我們常常看到有些寶寶哭鬧的非常厲害，尤其是第二晚左右，這是爲什麼？

過度環境刺激，導致第二晚的哭鬧

哭除了是肚子餓外，也可能是因爲寂寞、不安全感或過多刺激造成的。一位國際泌乳顧問 Jan Barger 詹芭格對於「第二晚」這個現象提出一個過度刺激的反應理論。

什麼是寶寶的「第二個晚上」？我們常看到在出生 24 小時之後（通常是第二個晚上），寶寶好像一直想要黏在媽媽的乳房上。通常從晚上 9 點到清晨 1 點（可能更早或更晚），寶寶只要靠近乳房就很滿足的睡著，但是一抱開就醒來。

通常這個時候媽媽已經筋疲力竭，可能經過頭兩天的興奮期及很多的訪客，此外，由於這中間並沒有多少睡眠，因此，很容易受到家人以及醫護人員的影響，而擔心自己沒有奶水，甚至害寶寶挨餓。

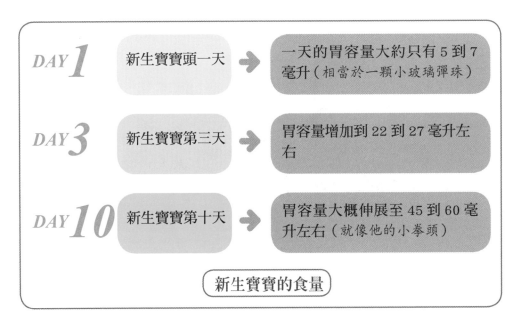

DAY **1** 新生寶寶頭一天 → 一天的胃容量大約只有 5 到 7 毫升（相當於一顆小玻璃彈珠）

DAY **3** 新生寶寶第三天 → 胃容量增加到 22 到 27 毫升左右

DAY **10** 新生寶寶第十天 → 胃容量大概伸展至 45 到 60 毫升左右（就像他的小拳頭）

新生寶寶的食量

媽媽的胸懷，最接近胎兒的環境

芭格認為，這個現象非關飢餓，不是「奶水不夠」，不是「把媽媽當作安撫奶嘴」，更不是「被寵壞的寶寶」。她認為，這是寶寶不成熟的腦部受到過度刺激後的調節適應行為，這時寶寶會想回到像胎兒的環境，而媽媽的胸懷正是最像的地方。

想像一下寶寶出生後所處的醫院環境。根據 Morrison ／ Ludington 的觀察研究，發現在產後 1 天 12 小時中平均對媽媽和寶寶的干擾有 47 次（包括醫護人員的訪視、檢查等等），這還不包括爸爸及由媽媽開始的干擾，有些甚至可高達 95 到 100 次。（Ludington-Hoe, 2004）

安靜的環境，有助減少哭鬧、增加泌乳激素

芭格建議，應該盡可能改善醫院環境，盡量讓寶寶和媽媽在一起，並有多一點的肌膚接觸。從待產的樂得兒措施（指待產、生產及產後都在同一個房間）就開始降低環境亮度和音量過度的刺激，並溫柔地對待寶寶。而產後也應盡量減少不必要的刺激以及訪客，以讓媽媽和寶寶得到適當的休息。

●產後過多的刺激會造成寶寶的不愉快，應盡量減少，才有助安撫寶寶、減少哭鬧。

此外，產後持續的肌膚接觸，不限於剛生完產的頭 1 個小時內，可以安撫寶寶、減少哭鬧。而在一開始的肌膚接觸時，就靠自己尋乳找到乳房並開始吸吮的寶寶，他們的吸吮會更有效，也更能夠吃到所需要的初乳；同時也會讓媽媽泌乳激素增加 33%。

將乳房當寶寶的枕頭，和他一起入眠

一旦出現「第二個晚上」哭鬧的表現時，該怎麼處理？如果寶寶在乳房上睡著了，只要將乳頭輕柔地移出寶寶嘴巴、不要移動、不要拍打嗝氣、不要調整衣物，將乳房當作寶寶枕頭，讓媽媽和寶寶一起躺下來睡，直到寶寶進入深睡期。（寶寶有可能需要經過約 25 分鐘的淺睡期後才進入深睡期），再讓寶寶睡到小床上。

類似「第二個晚上」這樣的表現也會在家裡發生，當寶寶環境有明顯變化時，例如，離開醫院回到家、白天出去逛街、到醫院健康檢查或者是親朋好友來訪時，有些敏感的寶寶當晚就會有哭鬧、難安撫、一直要喝奶的表現。因此，父母最好事先就知道可能會有這樣的狀況發生，且是常見的現象，並非寶寶吃不飽。

陳醫師貼心叮嚀

學習減緩寶寶第二晚的哭鬧

💧寶寶想吃就餵奶，請醫療人員和家人協助。
💧請家人協助滿足寶寶餵食之外的需求。
💧學習了解寶寶的行為暗示。
💧維持產後房間適當的溫度、不要太亮、太吵。
💧減少不必要的訪客，讓媽媽和寶寶得到充分的休息。

POINT 3　觀察並了解寶寶的睡眠、進食狀態

PART4
了解新生寶寶

　　每一個寶寶都是獨特的個體，每個寶寶的習性不同，學習了解寶寶的各項特質，諸如：想睡覺、想喝奶、哭鬧時的表現，除可減少不必要的擔憂外，還有助於安撫寶寶，提升母乳哺育成功的機率。

■ 依據寶寶的醒覺狀態，給予適當的照顧

　　一般我們可以根據寶寶的清醒狀況，將他的醒覺狀態分為：熟睡期、淺睡期、半睡半醒期、安靜清醒期、活動清醒期及哭鬧期。不同的時期對外界的反應會不一樣，如能配合他的狀態，採取適當的照顧，媽媽和寶寶之間將會更協調。

寶寶的睡眠週期與家長行動對策

睡眠週期	寶寶特徵	家長行動對策
熟睡期	●睡著且呼吸規律，沒有肢體的動作、臉部安詳。 ●會因為外界突然的刺激而有驚嚇動作。 ●很難被吵醒，若被吵醒，很快再度睡著。	●需要寶寶不動才可以做的事，如剪指甲。 ●媽媽可以趁這個時候休息一下。
淺睡期	●雖然睡著，但是肢體會出現很多動作。 ●呼吸可能不規律，有臉部動作及表情，甚至可看到眼皮下眼球在轉動。 ●比較容易被吵醒。但因為寶寶並非清醒，不容易餵食（勉強餵食多半會失敗）。	●寶寶會有很多動作和聲音，此時不要急著去打擾他，他可能自己又會進入熟睡期。

096

（續下頁）

寶寶的睡眠週期與家長行動對策

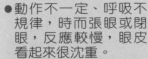

睡眠週期	寶寶特徵	家長行動對策
半睡半醒期	●動作不一定、呼吸不規律，時而張眼或閉眼，反應較慢，眼皮看起來很沉重。 ●比起前兩期較容易被叫醒。 ●很難分辨寶寶是清醒或睡著。	●如果餵寶寶喝奶，需要花一段時間讓他完全清醒。 ●可以給寶寶一些視覺或聽覺上的刺激來叫醒他。
安靜清醒期	●肢體動作很少、呼吸規律。 ●可以看到寶寶的眼睛睜大而明亮。 ●很容易注意到外界的刺激。	●可以和寶寶說話、看著寶寶或抱寶寶。 ●寶寶反應及學習的最佳狀態。 ●如果寶寶有想喝奶的表現，也很適合餵食。
活動清醒期	●肢體動作很多，臉部表情動作很多。 ●眼睛可能睜大但也可能因為煩躁而閉起來。 ●對外界的刺激很敏感。	●通常這個時候應該要喝奶了。需要改變的訊號，如：需要進食，換姿勢等。 ●因為寶寶很煩躁，可能不容易和他玩。 ●如果是獨處，有時寶寶會開始一些自我安撫的動作，如吸手指。
哭鬧期	●寶寶的呼吸不規則、臉部皺成一團、哭、膚色改變。	●需要改變的訊號。有的寶寶可以自我安撫，如吸自己的手指，有的寶寶需要外來的安撫。 ●盡量不要這個時候才開始餵奶。

■ 各種寶寶的睡眠、進食型態

　　每個寶寶都是獨立的個體，妳必須學習了解他並尊重他睡眠及進食型態，並找出適合的應對方法，如果妳的寶寶屬於一般的、好帶的、安靜愛睡的寶寶，妳可以參考下列的方式。

一般的寶寶

　　一天睡約 12 到 20 個小時，一天餵食約 8 到 14 次。他可能有段時間比較煩躁，而有一兩段時間睡得比較久。

好帶的寶寶

　　睡得時間較久，很少有煩躁的時間。常是吃夠了就睡，睡飽了又吃。這種寶寶，父母可能需要主動地多愛撫他。

安靜愛睡的寶寶

　　有些一天可睡 18 到 20 小時，他可能一天只會要求餵食 4 到 6 次。他不是不餓，他可能是餓了而醒來，但是他不哭，沒多久他又睡著了。

　　如果不注意，寶寶有可能因進食少而造成營養不良。妳可以放一些有聲響的玩具在他身旁，如果他醒來在動時，妳就可以聽到而餵他。

　　必要時，妳可以每 2 到 3 小時，就餵他 1 次。如果他不是很清醒，先解開包著他的毯子，換換尿布。抱著他輕輕按摩他的背，輕拍他的腳掌，和他說話。可以慢慢改變他的姿勢，讓他坐起來再躺下，再坐起來，通常他會睜開眼睛。

　　如果妳擔心他睡得太多，吃得不夠時，可讓小兒科醫師檢查。

寶寶類型	睡眠及飲食狀態	家長行動對策
一般的寶寶	●一天睡約 12 到 20 個小時 ●一天餵食約 8 到 14 次 ●可能會有一段時間較煩燥，有時睡得較長	●盡量配合寶寶的作息，自己找時間休息
好帶的寶寶	●清醒的時間不長	●可能需要主動地多愛撫他
安靜愛睡的寶寶	●一天可睡 18 到 20 小時 ●可能一天只會要求餵食 4 到 6 次	●可以放一些有聲響的玩具在他身旁，如果他醒來，妳就可以聽到而餵他

寶寶的睡眠狀態及家長行動對策

注意寶寶想喝奶的表徵，哭是餓過頭的表現

「哭」常常是餓過頭的表現，那時有些寶寶反而沒有耐心去含住媽媽的乳房吃奶。一般寶寶想喝奶的表徵有下列幾種：

在頭幾個月，寶寶會出現找食物的動作，也就是他的頭會轉向，同時嘴巴會張開，好像在找東西吃。

他可能會想要含住任何碰到他嘴巴周圍的東西，包括他自己的手。

有的寶寶會做出嘴巴張合，伸出舌頭吸吮的動作。

如果寶寶睡在媽媽旁邊，有時他就會轉向媽媽，手會碰媽媽。

4種寶寶的進食型態

寶寶類型	進食型態	家長行動對策
1 喝奶快又急的寶寶	●吸奶非常快而有力，幾分鐘之內就吃夠了	●要特別注意餵奶的姿勢，以免乳頭疼痛
2 含乳不好的寶寶	●非常想喝奶，可是又含不好乳房，接著就大哭	●不要等他哭得很厲害才餵他。看他眼睛張大了，嘴巴好像在找東西吃時，就可以開始餵了
3 愛睡覺的寶寶	●他可能是餓了而醒來，但是不哭，沒多久他又睡著了	●放一些有聲響的玩具在他身旁，那麼他醒來在動時，就可以聽到聲音、餵他
4 活動量大的寶寶	●活動量較大，也比較不容易平靜，他的吸吮欲望也很強 ●易被驚嚇，睡眠的時間也較少。由於他吸得很快又多，可能需要常排氣	●動作要輕柔，平常需要用毛巾或小毯子將他包緊一些 ●餵食的時間不要太限制，盡量讓他只吸一邊的乳房，如此可以滿足他的吸吮欲望，又不會吸太多奶

●每個寶寶睡眠及進食型態都不相同，
妳可以藉由觀察來了解妳的寶寶。

■ 寶寶的睡眠環境

　　研究發現，親子同床時並不會干擾媽媽和寶寶彼此的睡眠，在開始餵奶的同時，還能繼續睡覺，有助母乳的哺育。此外，小時候與父母同睡的寶寶，自尊心較高，對生活也較易感到滿足。

美國兒科醫學會 2016 年嬰兒安全睡眠環境建議

- ☐ 仰睡
- ☐ 使用硬床墊
- ☐ 哺餵母乳
- ☐ 親子同室，但是嬰兒不睡同床
- ☐ 嬰兒睡覺地方不要有軟物品或鬆的床墊床套
- ☐ 嬰兒哺乳順利後可考慮使用奶嘴
- ☐ 懷孕及出生後避免抽菸或接觸二手菸
- ☐ 避免嬰兒過熱
- ☐ 孕婦應有定期產檢
- ☐ 嬰兒定期接種疫苗
- ☐ 不要使用家庭用呼吸心跳監視器
- ☐ 醫療人員應該告知相關父母資訊
- ☐ 嬰兒用品製造廠應該遵從相關建議
- ☐ 嬰兒清醒時趴著玩，大人在旁，可促進發展，避免扁頭

不論是美國或臺灣兒科醫學會都建議除了仰睡之外，嬰兒不應該和父母同床睡覺，但是應該睡在同一個房間，以減少嬰兒猝死症。然而，研究以及很多家庭的實際經驗是，親子同床有助於母乳哺育，而母乳哺育又是減少嬰兒猝死症的重要因素。

實際生活中有些家庭的房間很小，除了父母的床之外，已經無法再另外擺一張嬰兒床。或者如我當年回娘家坐月子時，我和寶寶睡的房間是木板和室的房間，我是不可能再去擺一張高起來的嬰兒床的。而在餵奶過程中，媽媽真的很容易就和寶寶一起睡著了，這其實有助於媽媽的休息。

英國學者曾研究居住在英國的白種人及巴基斯坦人，親子同床共眠的巴基斯坦人比白種人多，白種人抱著小孩在沙發同睡較多，結果白種人嬰兒猝死率高出四倍。他們認為並非親子同床就一定會增加嬰兒猝死症，而是要注意親子同床所睡的床以及環境是什麼。英國聯合國兒童基金會因此對於嬰兒睡眠提出要注意的是安全的環境，而不是一味禁止親子同床。

在 2016 年美國兒科醫學會的建議中也認知到母親常常在餵奶的過程中，和寶寶一起就睡著了。在這樣的過程中，睡在大人的床遠比睡在沙發或著是有臂的椅子上安全得多。因此如果是這樣的狀況下，要注意避免寶寶的頭附近有會阻礙呼吸，或者是造成過熱的枕頭，被單或毯子。他們建議最好父母在自己醒來後，還是把寶寶放回自己的床上。

 下列狀況是不宜親子同床的：

- 媽媽或另外同睡的成人抽菸或懷孕時抽菸。
- 媽媽或同睡者使用會影響神智的藥物。
- 媽媽或同睡者因生病影響自己的清醒度。
- 媽媽或同睡者非常疲憊，無法對寶寶做適當的回應。
- 媽媽異常肥胖。
- 絕對不要同睡在沙發上。

寶寶睡小床的注意事項有：

☐ 小床的安全要符合國家標準。

☐ 床欄的間隙要小於 6 公分，以避免卡住寶寶的頭。

☐ 確定床墊和床欄間不會有間隙卡住寶寶。

☐ 確定床上沒有小玩具會引起梗塞，沒有任何超過 20 公分的線，以免

☐ 纏住寶寶。

☐ 不要有任何可能阻礙呼吸的小枕頭、填充玩具在小床上。

☐ 小床的位置要安全，遠離電暖器或窗邊。

☐ 不要讓寶寶趴睡。

如果要親子同床注意事項有：

☐ 床墊要硬而平，不要睡在太軟的床或是水床上。

☐ 確定寶寶不會掉下床，或卡在床墊和牆壁間隙。

☐ 房間溫度不要太熱（最適合的溫度是 25 至 28 ℃）。

☐ 寶寶不要穿太多（不要穿得比照顧者多），不要戴帽子。

☐ 確定寶寶不會被媽媽的枕頭或被子蓋住。

☐ 讓同床睡的大人知道寶寶同睡在床上。

☐ 不要讓兄姐和 9 月大以下的寶寶同睡。

☐ 讓寶寶仰著睡。

註：有關這個是否同床共眠這個議題，人類學家，心理發展學家以及兒科醫師的研究及看法可能是很不一樣的，還需要有更多的合作研究才能有更完整的建議。

吃這個藥好像會睡得很沉，還是不要和寶寶睡在同一張床上吧！？

?

●如果媽媽服用了會影響神智
　的藥物，應避免和寶寶一起
　同睡。

學習分辨寶寶不同哭聲所代表的意義

POINT
.4

哭鬧的寶寶常讓媽媽或是家人認為媽媽的奶水不夠多，而使寶寶餓著了，所以很多媽媽會因此給予不必要的配方奶或葡萄糖水，但有時反而會讓寶寶哭得更厲害。

■ 哭鬧，新生寶寶表達需求的語言

寶寶可能藉著哭鬧來表答他的需要，也可能藉著哭來發洩體內的一些壓力或過多的刺激。寶寶可能在一天中的某些時段特別煩躁，例如：傍晚到凌晨的這一段時間，在這之後又睡得特別熟。隨著他的成長，妳將可以逐漸分辨寶寶不同哭聲所代表的意義。

WHY？ 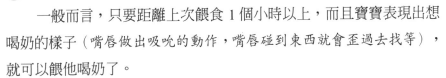 長得比較快，一下就餓

ANSWER：**想喝就餵**

一般而言，只要距離上次餵食 1 個小時以上，而且寶寶表現出想喝奶的樣子（嘴唇做出吸吮的動作，嘴唇碰到東西就會歪過去找等），就可以餵他喝奶了。

有的時候，寶寶會看起來非常餓，可能是因為他長得比以前快，因此很頻繁地想喝奶，這通常是在 2 週、 6 週及 3 個月大時，但也可能發生在任何時間。如果他想喝妳就餵，幾天後妳的奶水量就會和他的需求一樣，然後他就不會喝得那麼頻繁了。

Ⓦhy? 不舒服

Ⓐnswer：**找出原因並一一解決**

　　太冷或太熱都會讓寶寶不舒服而哭鬧；有時尿布濕了，也會讓寶寶因為冷而不舒服頻頻哭鬧，如果寶寶哭鬧，妳可以先試著找看看，如果是上述的原因，就先一一解決，看看是否有改善。

Ⓦhy? 不適應外界刺激

Ⓐnswer：**找出他喜歡的撫抱方法**

　　有的寶寶對外界的刺激，如亮光、聲音，或不同的味道很敏感，因此，若環境改變，例如：從醫院返回到家裡，就會顯得哭鬧不安。大多數的寶寶喜歡被包起來，如此他比較不會因驚嚇反射而讓自己嚇到。

　　但是相反地，有的寶寶不喜歡被抱得緊緊的，甚至在妳餵奶時他也會把妳推開。妳可以改採臥姿餵奶（請參本書 P.67），只要輕輕地扶著寶寶即可。另外，在寶寶很累、很想睡時，過多的刺激或撫抱反而可能讓他不舒服。

Ⓦhy? 媽媽的食物出問題

Ⓐnswer：**盡量避免再次食用**

　　有些媽媽可能會注意到，當妳吃了某些特別的食物後，寶寶會顯得比較煩躁。這是因為食物中的物質進入母乳中（任何食物都有可能），寶寶可能對媽媽食物中一些蛋白質過敏。像是：牛奶、豆、蛋及花生都可以造成上述問題。寶寶也可能在出生時喝過一、兩餐配方奶，就產生對牛奶蛋白質的過敏。

　　其他如：咖啡、茶及可樂中的咖啡因，可能排至母乳中，使寶寶煩躁。如果媽媽吸菸或是服用其他藥物，寶寶也可能比較容易哭鬧。如果家中有其他人抽菸，也可能會影響寶寶。不過，一般並沒有特別建議媽媽不要吃哪些食物，除非媽媽注意到有問題時，才需要避免。

W HY? 寶寶只吃到前奶

A NSWER：單邊餵的時間要夠

　　如果媽媽在寶寶喝奶尚未鬆口前，就停止一側的餵奶，要他改吸另一側乳房，可能讓寶寶喝到太多的前奶，導致沒有喝足後奶而沒有飽足感，容易餓。

　　他可能解出綠色稀稀的便便、體重增加不多；或是體重增加不錯，但是很愛哭，經常要喝奶。因此，雖然媽媽的奶水很多，但是卻很容易因為寶寶愛哭而誤以為自己的奶水不夠。

W HY? 寶寶腹絞痛

A NSWER：3 到 5 個月大後會自然減少

　　常常在傍晚到半夜這段時間，寶寶已經餵過奶、尿布換乾淨了，但卻突然脹紅了臉、腹部緊繃、手腳用力伸直而大哭，好像肚子痛，他可能看起來好像很想吃奶，但卻又很難安撫。

　　很多沒經驗的媽媽會擔心，是否是自己的奶水不足，而讓寶寶吃不飽？或是自責是否那裡做錯了，而讓寶寶哭不停？這種寶寶常要大人抱，對大人而言十分累。不過，腹絞痛常在寶寶 3 到 5 個月大後就減少了，且寶寶通常長得很好，不必太擔心。

W HY? 寶寶需要被抱著

A NSWER：有需要就滿足他

　　有些寶寶哭得比其他寶寶多，他們比較需要被抱著。在一些文化中，如東方國家或是較崇尚自然的部落中，媽媽時常帶著寶寶一起活動，寶寶比較少哭。

　　有些文化中，如西方國家，媽媽喜歡讓寶寶獨自躺著，或是和媽媽分床睡，寶寶反而比較常哭鬧。

■ 安撫哭鬧的寶寶，給予立即、適切的反應

在頭幾個月，對於寶寶的哭鬧給予立即、適切的反應並不會寵壞寶寶。先確定他是否餓了、太熱或太冷、尿片是否該換了？如果沒有這些情況，可以等個十秒鐘左右，看他是否有自我安撫的動作，如果沒有妳可以試試下面的方法。

1 有效安撫寶寶的 7 個動作

如果寶寶沒有自我安撫的動作，妳可以靠近孩子依序動作：

> 讓寶寶看到大人的臉。

⬇

> 以平穩溫和的語調和寶寶說話。

⬇

> 手放在寶寶的肚子上。

⬇

> 按著寶寶的手臂置於他的胸前，讓他的手臂彎曲交叉。

⬇

> 將寶寶舒適的包起來。

⬇

> 將寶寶抱起來。

⬇

> 溫柔地搖晃寶寶。

如果上述方法皆無法安撫時，媽媽可以試著再餵寶寶喝母乳。

2 注意餵奶時的姿勢與媽媽的飲食

餵奶時注意寶寶含奶的姿勢，確定他有喝到奶；讓寶寶一次持續吃一邊乳房，直到他自己鬆口，以確定他有吃到足夠的後奶。可以再試看看他想不想喝另一邊乳房。如果只喝一邊，下次餵食時，再從另一邊乳房開始餵。

減少喝咖啡、茶，或其他含咖啡因的飲料，如可樂等，可能有幫助。

如果媽媽一定要抽菸，建議盡量減少抽的量，並在餵奶後，而不是餵奶前或餵奶中抽菸；同時請家人不要在房間內抽菸。

媽媽可以試著停止攝取牛奶（奶製品），或其他可能會造成過敏的食物（如豆類、花生、蛋）等。應停止攝取這類食物至少一個星期，如果寶寶比較少哭，則應繼續避免食用這類食物。如果寶寶哭的和以前一樣多，那麼就不是因為食物過敏引起的哭鬧。

●媽媽如果攝取牛奶、豆、蛋及花生等，都可能造成蛋白質過敏的問題。

有時換人抱，寶寶會比較容易安撫。

陳醫師貼心叮嚀

大多數寶寶哭鬧會在幾個月後逐漸改善

　　不論如何，對於或許是因腹絞痛而哭鬧的寶寶，妳必須明瞭錯不在大人，也不是寶寶不乖。放輕鬆，簡化家務，當寶寶睡覺時，媽媽也盡量多休息，大多數哭鬧的情況，在幾個月後會逐漸改善。

3 用聲音或撫摸來安撫寶寶（爸爸來做更有效）

　　除了上述的方法外，一些規律而單調的聲音或動作，也能有效安撫寶寶。可以試著：

- 將寶寶直立抱於胸前，讓他的頭靠著照顧者的喉部，一邊輕搖，一邊輕輕地說話（由爸爸來做，尤其有效）（請參見下圖 A）。
- 讓寶寶臉朝下，身體趴在大人手臂上，輕壓著胃部（請參見下圖 B）。
- 大人坐著，寶寶同 2 的姿勢，趴在大人的大腿上，大人以手輕輕按摩寶寶的背部或輕拍他的臀部（請參見下圖 C）。

寶寶乖！爸比抱抱不哭囉！

●圖 A

●圖 B

●圖 C

▉ 腹脹，寶寶哭鬧的另一個可能因素

　　一般寶寶剛喝飽時，就算肚子圓鼓鼓的，也應該沒有硬塊。如寶寶的肚子摸起有硬塊，此時可藉由下面的方式來幫助寶寶改善：

1 不要哭很久才餵，以免吸進空氣

　　很多寶寶的肚子敲起來感覺有很多氣的樣子，可能是因為哭了很久之後才餵奶，因此使他吸到很多空氣；或是吸奶時很用力、很急，同時吸進去空氣。建議不要等寶寶哭了才餵奶，只要看到有飢餓的表徵（嘴巴張大找東西吃、伸舌頭、吸吮的動作等），就可以嘗試餵他喝奶了。

2 餵完奶後要記得幫寶寶排氣

　　餵完奶後應盡量幫寶寶排氣。但是即使妳已經幫他排氣了，他的肚子看起來還是有可能圓圓的，且敲起來有氣的聲音。但只要寶寶狀況良好，而且肚子摸起來沒有硬塊，就不用太擔心。

3 讓寶寶吸到飽足，再換邊餵

　　如果限制母乳寶寶一邊喝奶的時間，在他還沒有飽足前就換邊餵奶，可能讓他只吃到所謂的前奶（乳糖含量較多、脂肪含量較少），因而比較容易脹氣，而且很容易餓。建議盡量讓寶寶吸一邊的乳房，直到飽足自己鬆口為止，再換邊餵。

　　在頭幾週內，有的寶寶怎麼樣弄就是只吸一下子就睡著了，而且很快就醒來要吃奶。如果又合併有脹氣時，建議可以在 2 至 3 個小時內，只要他想吸奶，就只餵同一邊乳房；下一個 2 至 3 個小時再餵另一邊。

4 留意有無腸胃道感染

寶寶有腸胃道感染時也會有腹脹，但是此時多合併有腹瀉，大便形狀味道很明顯的改變，像是：很臭、很水、次數增加很多次，或是嘔吐。

5 腸絞痛時，可輕輕按摩腹部減緩

在寶寶哭鬧時，尤其是有腸絞痛的寶寶，常會有腹脹的情況。值得注意的是，大多數寶寶是因為哭鬧後導致腹脹，而非腹脹而哭鬧。此時爸媽可以坐著，讓寶寶趴在大人的腿上，輕輕地按摩寶寶的背部；或是以畫圓的方式作腹部按摩，可能會有幫助。

怎麼一直哭呢？
也不要喝奶？

讓爸爸來幫你
按摩吧！

陳醫師貼心叮嚀

腹脹，若合併症狀應即刻就醫

　　腹脹，可以說是嬰兒期最常見且大部分是正常的現象。但如果合併有嚴重的哭鬧、持續嘔吐、腹瀉、活力變差、體溫不穩或是嚴重便秘時，請務必帶給小兒科醫師診治。

哺 乳 筆 記

正確擠奶與母乳儲存法

不能親自哺乳的媽媽，也有可以應變的方法。

如果媽媽在生產時就知道必須要剖腹產，或是寶寶必須住院，妳無法馬上到寶寶身邊親自哺乳時，也有其他的應變方式，像是擠出來餵等。

事先擠奶，無法親自哺乳的應變法

有的時候因爲某些特殊情況可能導致妳無法親自哺餵母乳，諸如：寶寶因爲某些情況必須住在醫院，或是妳已經要上班了或有事外出，必須把寶寶托給別人照顧，在這些情況下妳仍可哺育母乳，只要事先擠出母奶，就可給寶寶食用，又可避免奶水變少。

■ 擠奶前，先刺激噴乳反射

在擠奶前，可以嘗試刺激噴乳反射，會讓妳更容易擠奶。妳可以試看看下面幾種方法：

和其他媽媽一起擠奶

有的媽媽發現，和其他媽媽（如哺乳的同事）一起擠奶時，會比較容易擠出來。

看、聽、聞、想寶寶

可能的話，抱住寶寶，接觸他的身體；或是看著寶寶，即使是看著寶寶的照片也可能有幫忙；或者也可聽寶寶聲音的影片，聞及觸摸寶寶的衣服，運用所有感官專心看、聽、聞及想到寶寶，也可以促進噴乳反射。

喝安神作用的飲料

喝一杯溫熱有安神作用的飲料，如紅棗蓮子湯、酒釀芝麻湯圓等，但不要喝咖啡。

溫熱敷乳房

溫熱敷乳房，或是泡溫水澡、溫水淋浴，讓心情放鬆。

輕柔地拉乳頭

用自己的大拇指及食指，輕柔地拉或揉乳頭。

輕輕地按摩乳房

以手指端或是軟梳子輕柔地撫觸乳房，或是以拳頭朝乳頭方向輕柔地滾壓。

請先生按摩背部

方法是：

坐著，身體前傾，手臂彎曲擱在身前的桌上，並將頭趴在手臂上。

↓

不穿衣服，或是穿寬鬆的衣服，讓乳房輕鬆地下垂。

↓

請先生由上往下按摩妳的脊椎兩邊。

↓

將手掌握起，大拇指朝前，以大拇指用力地做小環狀按摩。同時按摩脊椎兩邊，由頸部到肩胛骨，約 2 到 3 分鐘。

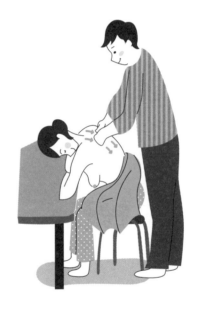

放鬆心情

深呼吸或使用其他放鬆技巧，聽或哼唱固定一首歌，冥想或想像奶水流出的感覺。

■ 用雙手及正確的步驟來擠奶

市面上有一些擠奶器,每個媽媽使用後的反應不一,請依照使用說明消毒及使用。不論如何,建議學會以手擠奶的方式,以備不時之需。

擠奶的 6 個正確步驟

先徹底的清洗手,並準備好乾淨的容器(清潔的奶瓶或母乳袋)。找一個位置,舒服地站或坐著,並拿著容器靠近乳房以盛裝擠出的奶水。

大拇指在上,食指在下對著大拇指放在靠近乳暈處,其他的手指托住乳房,將手指放置在如同寶寶直接吸奶時嘴唇放置的位置(離乳頭約 2 至 3公分左右),妳可以嘗試看看,哪個位置可以比較順暢地擠出奶水。

將大拇指及食指輕輕地往胸壁內壓,要避免壓太深,以免阻塞輸乳管(後壓的動作非絕對必要,乳房較小的媽媽可能覺得有幫助)。再以大拇指及食指相對,壓住乳暈後方,反覆壓放(請參見右圖)。

請注意，擠奶時應該不會痛，如果會痛，表示技巧不對。應避免捏擠皮膚或是手指在乳房上滑動摩擦。一開始可能會沒有奶水流出，但是在擠壓幾次後，奶水就會開始滴出，如果噴乳反射活躍，奶水會似泉水般湧出。

以相同方式擠壓乳暈兩側，好像寶寶吸乳房一樣，並確定擠出乳房每個部分的奶水。避免以手指摩擦皮膚並避免擠壓乳頭本身，壓或拉乳頭並不會擠出奶水。

一邊乳房至少擠 3 到 5 分鐘，直到奶水流速變慢，然後擠另一邊，如此反覆數次。可以使用同一邊的手擠同一邊的乳房，如果感到累，可以換手。一次可能要花 20 到 30 分鐘，尤其是剛開始的時候。隨著妳擠奶的技巧越熟練，奶水量就會越多。

QUESTION? 請教醫師

什麼時候該擠奶，有固定的時間嗎？

　　什麼時候該擠奶呢？可以在早上出門上班前先擠奶，也可以在晚上下班時擠奶，再留給寶寶白天吃。如果妳上班的地方有休息室，妳也可以在休息時擠出奶水，放在冰箱或是自備的外出揹袋（或母乳冷藏袋）內，帶回家讓他第二天吃。

　　剛開始妳可能會有一些漏奶的情形，此時可以用手臂壓住乳頭 1 到 2 分鐘，就會停止，之後妳的胸部自然就會調節妳的奶量，漏奶的情形就會減少。

擠奶量減少的可能情況

一個完全哺乳的媽媽一次擠奶兩邊約可以擠出 15 至 .60c.c.（這是除了寶寶吃之外的量，且擠奶的效果通常比寶寶自己吸的量少）。通常頭幾週的奶水量比較多，而在 6 至 12 週，當奶水量和寶寶喝的需求達到平衡時，有的媽媽會發現擠奶量變少。

當奶水量減少，且不夠寶寶喝時，妳不妨考慮是否有下列的狀況：

☐ 擠奶的次數及時間減少。　　☐ 過度限制飲食。

☐ 常常口渴而未喝水。　　　　☐ 休息不夠。

☐ 壓力太大。　　　　　　　　☐ 服用避孕藥物或其他藥物。

☐ 月經來了。　　　　　　　　☐ 再度懷孕。

QUESTION?
請教醫師

該如何增加擠奶量呢？

如果妳的奶量不夠寶寶喝，想嘗試增加擠奶的量，不妨試看看下列的方法：

💧利用前述促進噴乳反射的方法（請參見 P.116 ）。

💧在使用擠奶器後，再以手擠出更多的奶水。

💧在溫暖、乾淨、隱密的空間擠奶。

💧在寶寶吸奶時擠另一邊乳房。

💧增加直接餵奶及擠奶的次數。

💧按摩及擠壓乳房，增加擠出來的奶水量。

💧服用發奶藥物或食物（請參見 P.142 ）。

💧擠奶前溫熱敷。

💧上班前及下班回家後，馬上直接哺乳。

💧如果寶寶年紀已經夠大了，可以增加副食品的量。

POINT
2
母乳的儲存與使用原則

　　雖然儲存的過程，多少會影響母乳的細胞量或功能，或是一些酵素的活性等，但仍是比配方奶好。不可否認的最好的餵食方式還是直接哺乳（親餵），在無法親餵食時，新鮮的母乳是第二個選擇，之後是冷藏的奶水，奶水喝不完，才需要冷凍。因此除非有特殊需求，如爲了住院中的早產兒，對健康足月寶寶的媽媽並不建議額外擠出太多的奶水儲存。

■ 母奶儲存容器的選擇與使用注意事項

　　至於儲存容器有哪些選擇？目前常用的容器材質包括：玻璃、聚丙烯、聚乙烯，其優缺點如下：

母奶儲存容器的優缺點比較

玻璃：易清洗、方便
玻璃奶瓶，易清洗、拿取方便，但要小心摔破。奶水中的活細胞會沾黏在玻璃表面上，因此活細胞量在一開始會減少；但是在儲存 24 小時後，就不會再沾粘在玻璃表面上，因此對細胞量影響不大。

聚乙烯（polyethylene, PE）：不易盛裝、有破洞可能
母乳袋可能在裝取的過程不易處理，另外，有破洞的可能性。

聚丙烯（polypropylene, PP）：可能會有刷痕、易藏污
爲稍有彈性的不透明塑膠奶瓶，在刷洗過程中可能會有刷痕，易讓髒東西藏在其中。

聚碳酯（polycarbonate, PC）：過熱時會釋放少量的雙酚A

為透明的硬塑膠奶瓶，研究發現，在過熱的狀況下可能會釋放出少量的雙酚A，一種類似雌激素的已知環境賀爾蒙，可能導致人類生殖道器官病變。

之前研究認為，寶寶奶瓶中釋出的少量雙酚A對健康沒有影響。值得注意的是，若選用此類產品，當瓶身有刮痕或出現霧面變化時就不應再使用，且也不可用高效清潔劑或熱水洗滌。

使用母乳儲存容器的注意事項

不論何種容器，細胞的活性會隨著儲存時間愈久而愈低（配方奶中根本沒有，所以即使是儲存的母乳也比配方奶好）。

除了聚乙烯的母乳袋可能會使對抗大腸桿菌的免疫球蛋白喪失60％；聚丙烯容器可能會減少維生素C含量外，甲型免疫球蛋白及維生素含量不受容器材質影響。

一般來說，初乳在任何容器中都很穩定，但使用時仍須注意：

一般的寶寶，注意保存期限及運送的安全

● 每一個容器內不要存放太多奶水，以免吃不完丟掉可惜，也可避免奶水在冰凍的過程中脹破容器。

● 在容器外貼上擠奶的日期和時間，並先使用最早擠出的奶水，以避免過期。

● 足月寶寶的媽媽，使用何種容器可能都不是大問題。但還是要注意擠奶過程中的清潔，擠奶的過程中不要碰到容器的內側。

● 運送過程中，所有的奶水都應置於沒有冰塊的冰桶內，以避免冰塊溶化時使溫度回升。多餘的空間則可以使用乾淨的毛巾或冰寶塞住。

母乳儲存容器比較

儲存容器	型　態	使用注意事項
玻璃	玻璃奶瓶	●易清洗、拿取方便，但要小心摔破，對細胞量影響不大 ●細胞的活性會隨著儲存時間愈久而愈低
聚乙烯 （polyethylene, PE）	母乳袋	●在裝取的過程不易處理，另外，有破洞的可能性 ●細胞的活性會隨著儲存時間愈久而愈低，可能會使對抗大腸桿菌的免疫球蛋白喪失
聚丙烯 （polypropylene, PP）	稍有彈性的不透明塑膠奶瓶	●在刷洗過程中可能會有刷痕，而讓髒東西藏在其中 ●細胞的活性會隨著儲存時間愈久而愈低，可能會減少維生素C含量
聚碳酯 （polycarbonate, PC）：	透明的硬塑膠奶瓶	●在過熱的狀況下，可能會釋放出少量的雙酚 A，可能導致人類生殖道器官病變 ●細胞的活性會隨著儲存時間愈久而愈低

早產或生病住院的寶寶，要更小心保存

如果是要給早產或生病住院的寶寶喝的奶水，除了上述一般寶寶的注意事項外，還必須特別留意下列的事項：

● 如果擠出來的奶水是要送到醫院給生病或是早產的寶寶喝時，就要特別留意容器的選擇。可使用硬的玻璃奶瓶（玻璃），或透明的硬塑膠奶瓶（聚碳酯）。但是北美母乳庫協會強烈議，不要使用母乳袋（聚乙烯）來裝奶水，因為裝取的過程比較容易污染。

● 如果是送到醫院給生病及早產兒的寶寶喝的時候，擠出之奶水除非於 1 小時內使用，否則應立即放入冰箱冷藏。擠出後 48 小時內不會使用的奶水也應冷凍處理。

● 冰凍的奶水應先使用最早擠出的，並確保奶水於 3 個月內給予住院的早產兒食用。（也有人建議一旦早產寶寶開始進食後，先食用媽媽頭十天擠出來的初乳，之後則盡可能喝新鮮的母乳。）

用奶瓶餵一次該餵多少量？

從 1 個月到 6 個月大，雖然寶寶的體重持續增加，但是進食量不一定會有改變。一般的寶寶每天大約進食 750c.c.（570 至 900c.c.），如果 1 天吃 8 餐，平均 1 餐大約吃 94c.c.（72 至 112c.c.）。

但是每個寶寶是不同的個體，進食的量也會有個別的差異性，所以只要生長速度正常，就不要勉強寶寶。也有的寶寶在白天媽媽上班時進食量少，但是在媽媽回來直接哺乳時，就會補足一整天所需要的量。

▋儲存奶水的時間及加溫原則

奶水的儲存時，應盡量維持溫度一致以免變質；而在加溫時，也應慢慢回溫，避免高溫加熱，以免破壞營養。

存放儘量維持溫度一致

奶水擠出後可以儲存多久？一般足月健康寶寶家用奶水的儲存時間如下表所示，且須注意下列原則：

原則 1：不要放在冰箱的門邊，應盡量放在冰箱內部，溫度比較不會受開關門影響的地方。

原則 2：擠出來的奶水放在冷藏室冰涼了後，可以加至已有冰凍奶水的容器內，但注意不可過滿。

原則 3：冷凍過的奶水，油脂會浮在上面，看起來分為兩層是正常現象。

健康足月嬰兒母乳儲存原則

溫 度	剛擠出來的奶水	在冷藏室解凍的奶水	解凍且以加溫的奶水	嬰兒喝過的奶水
25℃以下	4-8 小時	4 小時之內	當餐使用	當餐使用後剩餘者丟棄
絕緣冷藏箱 15℃	24 小時	無資料可查	無資料可查	同上
冷藏室（0～4℃）	5-8 天	24 小時之內	4 小時	同上
獨立的冷凍室	3 個月	不可再冷凍	不可再冷凍	同上
-18℃ - 20℃以下冷凍庫	12 個月	不可再冷凍	不可再冷凍	同上

參考資料來源：北美母乳庫協會——母乳儲存以及處理 2006 國際母乳哺育醫學會 2010

冷凍奶解凍加溫原則：慢慢解凍回溫

冷凍的奶水，可於前一晚拿到冷藏室慢慢解凍（約需 12 小時），或是在流動的溫水下解凍。

使用時，將冷藏過的奶水置於室溫下退涼即可，或是將奶瓶放於內有溫水的碗中（不要隔水煮沸）慢慢回溫，水位不要超過瓶蓋。並謹記下列各點：

絕對不可以使用微波爐解凍。

使用前可輕微地搖晃，使奶水和油脂混合均勻。

寶寶用嘴巴喝過的那一瓶奶水，應該在那一餐喝完；沒有喝則需丟掉，不可留置下一餐，以免孳生細菌。

QUESTION?
請教醫師

寶寶不喝冰凍過的奶水怎麼辦？

冰凍過的奶水解凍後可能會有一點肥皂味，但通常寶寶仍願意喝。但也有些解凍過的奶水會有腐臭味，而使得寶寶不願意喝（甚至於當奶水變涼時，就會開始有味道）原因可能是媽媽的奶水中脂肪含量較多。解決的方式為：

試著在奶水擠出來後，盡快地加溫到快要滾開，但未沸騰的程度。

之後，盡快冷卻並冷凍，即可減少味道的產生。但如果是已經冷凍的奶水再加熱則無效。

POINT **3**　**上班媽媽，如何兼顧工作與擠乳？**

　　即使妳在上班後無法完全哺乳，建議至少在產假坐月子中盡可能完全哺育母乳，如此對媽媽和寶寶都有好處。

　　就算只是部分哺乳，仍有安撫、維持親子關係以及提供肌膚接觸的好處；有益於寶寶口腔發育，而在營養上以及預防疾病、過敏及免疫上的好處也仍存在。

▌回職場前及後的準備工作

　　上班的媽媽在返回工作職之前，應先學會擠奶、奶水的儲存及解凍方法，並與寶寶的照顧者充分溝通，才能無後顧之憂地哺育寶寶。

回職場之前，應學會擠奶

先想好如何兼顧工作與擠乳，事先儲存上班頭幾天所需的乳汁量。

根據上班的狀況調整餵奶及擠奶的時間，並確定已經學會擠奶（請參照 P.118），且已準備好擠奶及存奶所需要的用具。

有的媽媽會安排自己在週三以後開始上班，這樣很快就可以有一至兩天的休息時間可以調適。

要事先和寶寶的照顧者討論奶水儲存、解凍方法以及如何餵食寶寶。（請參照 P.121）

最好有合宜的休息、減少壓力、避免疲倦。

確認存乳容器、冰桶或擠奶器皆準備妥當。

可以隨身攜帶寶寶的相片，在擠奶時看著相片可以促進奶水流出。

建議穿著方便擠奶的衣物，如前開釦的襯衫等。

如有惱人的漏奶問題，則可穿著有花紋的衣物讓漏奶較不顯著。

最好在上班前先餵乳，且一回家後立刻餵乳，盡可能要求照顧者在接近媽媽下班前勿用奶瓶餵食。

可尋找有哺乳經驗的同事支持與協助，建立自己在上班場所的支持團體，以讓哺乳更容易持續。

　　為了鼓勵哺餵母乳，衛生福利部國民健康署於 1999 年起開始補助各公司行號、學校、公共場所及醫療院所等設置哺集乳室，其中一個目的，就是希望能讓這些上班的媽媽們有一個舒服的地方可以擠奶。為了下一代國民的健康，及整個社會的經濟利益，希望各公司行號及其他工作場所，還有幫忙媽媽照顧寶寶的照顧者都能支持媽媽順利地哺乳。

上班時頻頻漏奶怎麼辦？

一般在產後 2 個月時約有 90% 的媽媽會有漏奶狀況，在產後 6 個月則有 66% 的媽媽仍有漏奶狀況。妳可以試著：

💧 穿著有花紋的衣物讓漏奶較不顯著。

💧 試著增加餵奶或擠奶的次數來減少漏奶。

💧 或使用乳房墊（但要常更換，以免乳房過度悶濕）。

💧 也有的媽媽在感覺有奶陣時，用手臂輕壓住乳頭 1 至 2 分鐘則可以減少漏奶。

💧 另外，在國外的網站上可以買得到漏奶抑制器（Breast Leakage Inhibitor System），用過的媽媽覺得效果還不錯。

再多擠幾次奶吧！這樣比較不會漏奶！

● 媽媽可以試著增加擠奶的次數，以減少漏奶的困擾。

完全直接哺乳：當媽媽上班的地方和寶寶受照顧的地方距離很近，或照顧者可以協助將寶寶帶至媽媽上班地點，且媽媽工作場所彈性很大時，可以直接完全哺乳。

完全以奶瓶餵食擠出來的母乳：有些媽媽習慣將奶水擠出來完全以奶瓶餵食，只要媽媽不覺得不方便，也是可行的方式。但是請記得要多抱寶寶，提供足夠的肌膚接觸，以滿足寶寶營養之外的需求。

下班後再直接哺乳，上班時以其他方式餵母乳：媽媽上班不在時，以奶瓶、杯子、湯匙餵食擠出來的母乳。

下班後直接哺乳，上班時則以其他方式餵母乳及配方奶：當擠出來的奶水量不夠，且媽媽上班不在時，可以使用母乳以及配方奶混合餵食。

下班後直接哺乳，上班時餵配方奶：當媽媽上班的地方以及時間都不適合擠奶的時候，媽媽仍可至少維持晚上以及上班前的哺乳。

但需注意，必須在上班前一至兩個星期就開始逐漸減少白天的餵奶次數，改餵配方奶，以免在上班時脹奶不舒服。經過事先的調整，媽媽的身體可以調整到白天不會有明顯的脹奶不舒服，而晚上仍有奶水可以直接哺乳。

陳醫師貼心叮嚀

讓寶寶不乳頭混淆的方法

　　我們不鼓勵當媽媽不在時使用奶瓶哺餵寶寶，因為有些孩子仍會產生奶嘴混淆，因此宜事先與照顧者溝通。但是現實狀況中，如果實在找不到可以完全配合的照顧者，媽媽也不用緊張，只要讓寶寶學會以親餵及瓶餵兩種方式進食，就不會有太大的問題。方法是：

💧 在坐月子期間盡量讓妳的寶寶跟妳在一起，讓妳的身體根據他的需求建立相對的奶量。

💧 大約在 6 到 8 週左右，或是產假結束前的 1 至 2 週，再學習用奶瓶、奶嘴，或許可以減少乳頭混淆的機會。

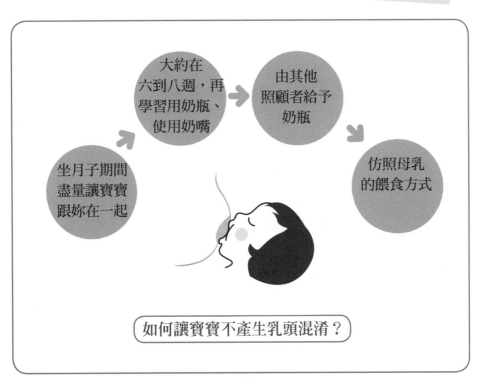

如何讓寶寶不產生乳頭混淆？

　　倘若一定得使用奶瓶時，最好在媽媽上班之前，增加照顧者和寶寶的相處時間，讓寶寶較熟悉照顧者一點，並由照顧者給予奶瓶，媽媽仍直接哺乳，那麼寶寶的接受度會較好。其他秘訣有：

建議使用奶瓶餵食時，當寶寶有想喝奶的表現（呼吸聲音可能變得急促；會有張嘴、轉頭尋找的動作；會伸出舌頭，做出一些吸奶的動作）時就餵奶。

盡量將寶寶抱直立些，奶瓶盡量放平（但不要讓寶寶吸到空氣），使奶水的流速不會太快。

盡量讓寶寶含到奶嘴較寬的部分，以減少寶寶喝過奶瓶後不吸媽媽乳房的機會。

餵食中可以換邊餵奶，讓寶寶的兩側都能接受到視覺的刺激。

一次餵食的時間不要太短，約 10 到 20 分鐘，就像寶寶直接吸母奶所花的時間一樣，讓寶寶有機會感受到胃部的飽足。

可模仿直接哺乳時的節奏，中間可能暫停數次。

耐心地等待寶寶自己張開嘴含住奶嘴，而不是硬塞入他的嘴內。

不要強迫寶寶把奶瓶中的最後一滴奶喝完，寶寶有自己的食慾。

嘗試不同方法，幫助寶寶克服吸奶瓶的不適

倘若寶寶有奶瓶的不適與假日症候群而不願意吸奶瓶時，照顧者可以試著用下列的方式來改善。

😊 在寶寶還沒很餓之前就開始餵食。

😊 以不同的姿勢抱寶寶：有的寶寶喜歡抱得緊緊地像直接吸奶的感覺；有的寶寶則要抱坐著面朝外，一邊看風景一邊吸奶。

😊 用奶瓶餵食時，拿有媽媽味道的衣服包裹著寶寶。

😊 不要將奶嘴放入寶寶的口中，而是將奶嘴放在寶寶的嘴邊，讓他自己尋找奶嘴，主動含入嘴裡。

😊 試著將奶嘴用溫水沖熱，讓它和媽媽的乳頭溫度相近。

😊 滴一些母乳在奶嘴上，以鼓勵寶寶吸吮。

😊 讓寶寶試用不同形狀、大小、材質的奶嘴，並調整奶嘴洞的大小。

😊 有的寶寶要在半睡半醒的時候才肯吸奶瓶。

😊 嘗試用別種餵食方式，如杯子，湯匙。

此外，應向照顧者解釋寶寶需要一段時間來接受奶瓶餵食，且可能因為假日時與媽媽全天相處且餵食母乳，而在星期一有對奶瓶不適的假日後症候群，但通常寶寶會克服的。

■ 給照顧者的特別提醒

當媽媽必須離開寶寶開始上班時，尋找一個理念相同的照顧者，就顯得很重要。而照顧者除了精神上鼓勵媽媽哺乳外，也必須學習母乳的加溫及哺餵技巧，才能實質上給予媽媽支援。

了解奶水的使用方法

👶 擠出來的母乳顏色及性狀和嬰兒配方奶不同（通常會比較白或清），冰凍後會分層，在加熱後應輕微搖晃，以使其均勻。

👶 準備奶水之前請先洗手，容器也需要清潔乾淨。

👶 冷凍的奶水，可於前一晚拿到冷藏室慢慢解凍（約需 12 小時），或是在流動的溫水下解凍。

👶 冷藏過的奶水，在使用時只需將其置於室溫下退涼即可，或者也可將奶瓶放於內有溫水的碗中（不要隔水煮沸）回溫到體溫即可，水位不要超過瓶蓋。

👶 不同時間擠出來的奶水，回溫後可以混和在一起同一餐餵食。但建議一次不要溫太多，以免寶寶喝不完。

●媽媽如果必須上班，那麼建議照顧者最好先學習母乳的加溫及哺餵技巧。

學習餵食寶寶的方式

使用奶瓶餵食的方式請參考前述（請參見 P.132）。

很多寶寶習慣一邊吸奶一邊睡，有些寶寶喜歡躺在背巾裡，此時可以請媽媽準備一條給照顧者。

有的寶寶比較喜歡讓人緊抱呈現有一點高的姿勢，大約是很容易親吻到他的頭的高度。

當預計是媽媽快來接寶寶的時間時，如果寶寶已經有點焦躁不安，可試著安撫他和他說說話；必要的時候先給一點奶水，當媽媽來接寶寶時，再很快地直接哺乳。

有時當寶寶長得比較快的時候，通常是 6 週、3 個月以及 6 個月大時，可能會比較煩躁，要吃得比較多，可以讓媽媽知道，鼓勵她多擠些奶。

妳的支持及鼓勵對媽媽和寶寶都很重要，如此將有助於媽媽持續地擠奶以及讓寶寶持續吃到最好的食物。

哺乳筆記

哺乳媽媽及寶寶的飲食計畫

攝取均衡、充足的營養,不僅對媽媽的健康有益,更能提升奶水的營養,讓寶寶吃到最好的食物。

POINT 1　哺乳媽媽的飲食宜營養、均衡、多元

　　哺乳時每天會消耗 500 到 1000 大卡，以目前國人坐月子的習慣而言，哺乳的媽媽身材比較容易恢復到懷孕前的情形。國外的醫學文獻也確定，哺乳的媽媽體重減輕較快，較易恢復產前身材。

■ 哺乳媽媽的健康飲食及促進乳汁的方法

　　雖然在未開發中國家，營養不良的媽媽也可生產足量的奶水給自己的寶寶，但為了本身的身體健康及奶水的營養，仍應注重哺乳時的食物攝取。而有些傳統的飲食禁忌，也有可替代的飲食，讓妳坐月子時仍可安心地吃。

均衡補充 5 大營養，以分泌健康乳汁

　　一般而言，五大類營養素（碳水化合物、脂肪、蛋白質、維生素、礦物質）應均衡攝取，可能要多吃一至兩餐，或是正餐外須吃些點心。

身體能量主要來源的碳水化合物（含醣類）

碳水化合物是身體能量的主要來源，適量的攝取可避免體內消耗蛋白質作為能量。建議盡量攝取複合型的醣類，如：新鮮的水果、蔬菜、全麥、米類及其他穀類，因為它們還含有維生素、礦物質和纖維。如果食用以糖分為主的點心、糖果，很容易在血糖急速上升後又下降，反而會使妳覺得更飢餓。

提供高能量能源的脂肪

脂肪可以提供高能量能源，幫助脂溶性維生素的吸收，同時讓妳比較有飽足感。選擇時盡量以未飽和脂肪為主，如：蔬菜、種子或花生的油。最近的研究認為，哺乳媽媽的食物中如果 Omega-3 比 Omega-6 脂肪酸的比例較高者，可能可以減少寶寶氣喘的機會。

含豐富油脂的深海魚類，如：鮪魚、鯡魚、鮭魚、青花魚，及亞麻子油是 Omega-3 脂肪酸的很好來源。至於 Omega-6 不飽和脂肪酸，則通常存在肉類、雞蛋與牛奶及一般植物油中（如葵花油、花生油）。不過，均衡的食物還是最重要的。

構成身體器官的蛋白質

體內的器官，荷爾蒙及其他結構，都由蛋白質構成。含有所有必需胺基酸的食物，稱作完全性蛋白質，如：肉類及奶製品；否則稱為不完全性蛋白質，如大多數蔬菜和水果，所以媽媽必須食用多種食物，以提供完全的必需胺基酸。

除了肉、魚、蛋、奶、乳酪外，花生、乾果、全麥等也是重要的蛋白質來源。市面上很多哺乳媽媽奶粉並非必要，如果擔心寶寶有過敏體質時，甚至會建議減少奶製品的攝取。

調節體內作用的維生素

維生素的功能主要在調節體內的作用。分為脂溶性（A、D、E、K）及水溶性（B 群及 C 等），哺乳期間均衡攝取五大營養素有助哺育母乳媽媽的健康。

建議應增加水溶性維生素的攝取量，以提升乳汁裡的含量。一般而言，大部分的飲食中都可得到所需的維生素量。如果妳擔心不足，不妨詢問醫師是否需要額外補充維生素丸。

維生素攝取來源表

維生素種類	食 物 來 源
維生素 A	肝、腎、奶油、蛋黃、魚等動物性來源，及蘿蔔、番茄、菠菜、包心菜等黃綠色蔬菜
維生素 B_1	廣佈於動植物食物中，以全穀類及小麥胚芽含量最豐富，其他如瘦豬肉、肝臟、大豆等也均含有
維生素 B_2	肝臟、腎臟、心臟含有相當可觀的含量，其他如肉類、蛋類、綠葉蔬菜提供的量則不是很多
維生素 B_6	穀類，如麥芽、豆類、乾果、牛肝
維生素 B_{12}	主要存在於動物性食物，例如，肝、腎、肉以及乳品
葉酸	綠色蔬菜、豆類和肝臟
菸鹼酸	酵母、豬肉、動物的肝臟、腎臟、麥芽和糙米
維生素 B_5	動物性食物，如肝臟、酵母、蛋黃及豆類
維生素 C	柑橘類水果、番茄、青椒、菠菜、馬鈴薯等
維生素 D	人體皮膚接受太陽或紫外光照射後產生。某些食物如，牛奶、蛋黃、沙丁魚、肝臟、魚子醬、魚肝油中也有
維生素 E	植物油（玉米、黃豆、葵花子、油菜籽）為主，動物性食物中則較少
維生素 K	白菜、菠菜、花椰菜

維持生命必需的礦物質

像是形成骨骼不可缺少的鈣和造血必需的鐵都屬於礦物質。哺乳的媽媽要特別注意鈣、鐵和鋅的攝取。除了牛奶外，髮菜、黑芝麻、紫菜、小魚干、蝦米、蝦仁、海藻、鰤仔魚都富含鈣。此外，黑豆、黃豆、豆皮、豆腐乳、豆豉、蛤蜊、莧菜、高麗菜干、木耳等也是很好的選擇。

而牡蠣、穀類、種子類則含有豐富的鋅；其他如，肝臟、牛肉、蟹、乳製品、核果類、豆類中亦是不錯的來源。

鐵則主要存在於紅色的肉類中，其他像芝麻、紫菜、紅豆、蠶豆、豬肝、牡蠣、魚類、乾果也是鐵很好的來源。

哺乳不可少的水分

在哺乳期，妳常會覺得口渴，必須補充額外水分。水分不夠或太過量，都會使妳的奶水減少。當妳覺得口渴時，就補充水分，或是也可以在每次餵奶前，補充一些水分。

陳醫師貼心叮嚀

哺乳期間的飲食原則

- 原則 1：肚子餓就吃，口渴就喝；在哺乳期不要減肥。
- 原則 2：如果寶寶半夜比較容易哭鬧，應盡量避免含咖啡因的食物（如咖啡），或是在下午 3 至 4 點後就不要飲用。
- 原則 3：如果是素食的媽媽，應注意維生素 B_{12} 的補充，例如：燕麥、海藻等。

告訴你一個小秘密！研究發現孕婦吃的食物味道會到羊水中，哺乳時媽媽吃的食物味道也會到母乳中。在懷孕以及哺乳時母親吃的食物，寶寶日後的接受度較高。想要讓寶寶以後不偏食，從懷孕以及哺乳時媽媽的均衡飲食開始！

　　雖然大部分媽媽的乳汁分泌量會和寶寶喝的量達到平衡，但如果妳的奶量真的不足，民間及網路上有一些俗稱的發奶食物，妳不妨試看看。但是每個人的體質不一樣，可能反應不盡相同。

　　增加奶量，最重要的還是要讓寶寶以正確的吸奶方式多吸，寶寶如果不吸，妳就要多擠奶。同時放鬆心情，奶水才會再出來。

啤酒酵母

用法 直接服用。

發乳立效散

作法 蓬萊米（白米）＋糯米＋萵苣籽（蔬菜種籽店有售）各一把（不用太多）。加甘草粉半兩（中藥店有售）用水煎熟。

一天分三次食用（若三次食用後，奶量太多，可斟酌食用次數）。

作法 玉米鬚一兩煎水。

除可通乳還可利尿。

豬腳燉花生（豬腳不可去蹄，且應在產後才吃）

作法 豬腳＋花生（也可用黃豆或小紅豆）適量燉熟即可食用。加通草（中藥店有售）效果更佳。

若想更補一點可加鱉、紅棗、老薑、陳皮。

（資料來源：母乳哺育討論群，朱媽媽提供）

發奶食譜幫助增加奶量喔！

■ 婆婆媽媽說這些不能吃，醫生提供的替代方案

在民間坐月子或哺乳時，都有一些禁忌，大多數都是不必要的。但是如果家人堅持時，妳可以用其他食品來替代。

QUESTION?

坐月子時不可喝水，吃「冷」的水果？

ANSWER：

如果不能喝水，那妳可多喝果汁，或進補的任何湯類來取代水。如果不可吃較生冷的水果，妳可多吃溫和的水果，像是葡萄、櫻桃等，或是多食用蔬菜，尤其是綠葉蔬菜來取代。

QUESTION?

吃韭菜或人蔘會退奶嗎？

ANSWER：

有些媽媽發現韭菜及中藥的麥芽與人蔘，會使奶量大減。雖非絕對，但如果想要長期哺乳，還是建議盡量避免食用這些食物。

QUESTION?

哺乳時可吃麻油雞酒嗎？

ANSWER：

適度的酒精讓媽媽放鬆，有催乳的作用。但是每天喝超過體重每公斤 1 公克時，反而會降低噴乳反射。同時可能造成寶寶愛睡覺、無力及體重增加不好，長期使用甚至可能造成寶寶動作發展延遲等現象，也可能因吸吮反應變差而使寶寶吃奶量減少。因此，美國藥物協會的研究建議為，哺乳媽媽的飲用酒精量不要超過每天每公斤 0.5 公克為宜。

QUESTION?

坐月子時不可喝
咖啡？

ANSWER：

　　如果妳覺得吃了某些特別的食物後，寶寶特別煩躁或不舒服時，最好暫停食用，像是：咖啡、巧克力、可樂及茶中都含有咖啡因。

　　咖啡因在攝食 60 分鐘母乳中的量最高；如果媽媽攝取量一天小於 400 毫克（約 4 杯卡布奇諾），對寶寶影響不大；但如果媽媽長期飲用大量的咖啡因時，可能造成寶寶躁動不安、不好睡。不過，咖啡因在寶寶體內的代謝隨著年齡而加速，因此影響會愈來愈小。

陳醫師貼心叮嚀

坐月子時吃麻油雞酒要適量

　　建議調整雞酒的烹煮方式以去除酒精含量，或改用不含酒精的添加物。如仍須使用雞酒，根據國內一篇研究萬芳醫院食譜所調配雞酒之酒精含量為 40mg/c.c.，每天的攝取量如未超過每公斤 12c.c. 以上，仍是在安全範圍內。

　　例如，50 公斤體重者一天用量不要食用超過 600c.c.，但是超過此一用量，可預先擠出母乳備用或在飲用後兩小時內暫時停止哺乳。

　　比較容易辨別的作法是，如果媽媽自己喝完雞酒後會覺得醺醺然的，酒精含量可能就太多了，應盡量在喝之前或之後的 2 至 3 個小時再餵奶。

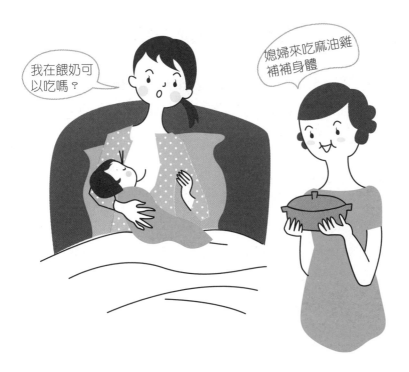

●哺乳時，不宜吃含酒量過高的麻油雞，
以免影響寶寶的健康。

母乳寶寶的第六個月，開始添加副食品

在寶寶 6 個月前，母乳是最完美的食品，不需要添加任何食物或飲料（包括開水）。這樣的作法可以使妳的奶水充足，同時減少過敏的可能。即使在頭一年後，母乳仍可持續提供相當量的重要營養素，尤其是蛋白質、脂肪及維生素。

■ 認識寶寶可以開始吃副食品的表現

寶寶 6 個月大時，神經及腸道發展讓他適合嘗試其他種餵食方式及食物。他的頭控制較好，眼睛可以直視前方，稍加扶持可以坐得穩，並且會用手抓東西放至嘴裡。

了解寶寶準備好的表現，掌握添加時機

妳可以觀察寶寶，如果他每次伸手抓東西就往自己嘴巴送，而且不停地想喝奶時，妳就可以試著讓他吃一點熟香蕉泥或是馬鈴薯泥。

如果他吃得很高興，不會用舌頭把食物推出來，而且 5 至 6 天後，也沒有什麼不舒服的情況，那麼妳可以確定他已經準備要吃其他食物了。不過，每個寶寶都是獨特的個體，有幾個月的差別是正常的。

錯過訓練關鍵期，小孩不易接受成人飲食

我常看到一些哺餵配方奶的媽媽，將米、麥粉加在奶瓶裡，讓寶寶用喝的；當寶寶過了 6 個月大時，也僅是將奶粉換成所謂的較大寶寶奶粉，而持續用奶瓶餵食寶寶到兩至三歲。此時，已經錯過寶寶學習成人飲食的「關鍵期」，要再讓小孩嘗試大人食用的的固體食物，往往要奮鬥很久。

如何觀察寶寶是否可以吃副食品了？

只要仔細觀察寶寶想吃副食品的時機，就不會錯過！通常是在寶寶 6 個月左右。此時，應把握這個時機，開始讓他嘗試吃一些副食品。其他的表徵像是：

△ 當寶寶的頭都已經挺立了。

△ 看到大人吃東西就想伸手來抓。

△ 拿了東西就想放嘴巴吃。

在給予副食品時，應盡量多樣化，尤其是鐵質的攝取。此外，還需注意孩子的食慾及成長及發展是否有遲緩的現象。當有懷疑，或是寶寶動物性食物攝取得很少時，可能需要補充維生素或礦物質。

●當寶寶拿了東西就想放嘴巴吃，就表示他已經準備好要吃成人的食物了。

▌添加副食品的 10 大原則

1 在寶寶有需求時持續哺餵母乳

持續在寶寶有需求時就哺餵母乳，避免因為過多的副食品取代母乳所提供的營養素及免疫方面的好處。

2 採漸進式添加，以湯匙餵食

一開始先讓寶寶試吃 1 至 2 湯匙以母奶或是開水泡成的糊狀米粉，如果寶寶吃得不錯，幾天後可以另外再餵一餐。通常約在開始進食 1、2 個月後左右，即可以 1 天吃到三餐的副食品。

一旦寶寶熟悉適應不同的進食方式後，就可以慢慢改變食物的性狀，增加食物的黏稠度，並且添加其他的食物。一般建議先是從水果泥及青菜泥開始，最後才添加肉類。

3 提供多樣化食物，但避免飲用果汁

每天提供多樣化的食物，如：母奶、米、麥粉、水果、蔬菜及動物性食物。添加鐵的穀類（米、麥粉）及肉類可以提供適當的鐵。

豆類、小魚、起司、優格等則可以提供鈣（1 歲前不建議喝市售的鮮奶）。避免給太多的果汁（1 歲前不要超過每天 120c.c.，之後每天不要超過 240c.c.），因為果汁只提供少量的能量，但是卻取代了更營養的食物。此外，為避免寶寶習慣高膽固醇食物，有人建議蛋黃 1 週不要超過 3 個。

4 準備一些可以用手抓的食物，讓寶寶自己動手

當寶寶的咀嚼吞嚥功能愈來愈熟練，約在 8 個月大左右時，妳就可以嘗試讓他自己用手抓東西吃，例如：撕碎的土司、小塊雞肉、熟的香蕉切片及煮熟的紅蘿蔔塊、地瓜塊或是短的麵條。不同的味道和質感，會讓他更有興趣抓來吃。

但要注意不要讓他嗆到，所以不宜給他如：花生、爆米花、翠果子、瓜子、硬糖果或其他硬而圓的食物，以免造成異物吸入及梗塞。

5 以天然食物為主，維持整潔

製作副食品時，應以天然食品為主，無需添加調味品。製作之前，除了用具要乾淨外，也記得要洗手，維持清潔。

6 避免容易引起過敏的食物

牛奶、蛋白、花生、帶殼的海鮮類、酸性的水果，如：草莓、柑橘、番茄，都是比較容易引起過敏的食物，1 歲之前不要食用。

另外，也不要給 1 歲以下的寶寶食用蜂蜜，以免引起臘腸菌病（botulism）。 1 歲之前也不要給寶寶一般成人喝的牛奶，兩歲之前不要給寶寶脫脂牛奶，以免缺乏必需脂肪酸。

●如果吃了牛奶、豆、蛋及花生等，都可能造成寶寶過敏的問題。

7 注意過敏反應，一次只加一種

一次從少量開始添加一種食物，注意是否有不良反應，如氣喘、皮膚紅疹、腹瀉等。如果適應不錯，再逐漸增加量，1週之後再添加另外一種新的食物。

8 維持愉快的用餐氣氛

選擇妳最輕鬆的時間來嘗試餵寶寶副食品，可以是中午或是晚上。一開始寶寶可能不太習慣不同的進食方式及食物，需要有耐心。妳可以一邊餵食，一邊鼓勵他：「好好吃喔！」

用餐時讓寶寶坐在固定的椅子上，培養他良好的用餐習慣。在餵食前可以讓寶寶先喝些母奶，避免他太餓，以維持用餐時的氣氛。每個人的胃口及對食物的偏好不同，不要勉強寶寶，當他不想吃時，只要抱離椅子即可。盡量給他多種食物的選擇，以增加他對飲食的興趣。

9 不要怕髒

當他習慣於吞嚥食物後，可試著讓他自己拿湯匙。當他湯匙拿得不錯時，可以給他一個裝有少量食物的塑膠碗讓他試著自己吃。如果怕髒，只需讓他穿上圍兜，並在地上鋪報紙或塑膠布，就可讓事後的清理工作變容易。通常在1歲以後，他可以做得比較好。

10 用杯子取代奶瓶

副食品不要放在奶瓶中，以免過度餵食，或是讓寶寶嗆到；應試著讓他用杯子喝飲料，而不是使用奶瓶。

市面上很多寶寶用的學習杯，有兩個把手，杯子有蓋子可以使裡面的液體不易溢出。妳可先放一些開水在裡面，讓寶寶知道怎麼使用，剛開始他可能會拿來當玩具玩，妳也不要著急，他慢慢地就會學習使用杯子，等他使用得順手時，妳就可以放些果汁或奶水讓他飲用。

> 寶貝會自己吃飯囉！很棒喔！

●如果寶寶想自己吃，妳也不要怕麻煩，只要做好準備工作，如讓他穿圍兜、在地上鋪報紙，就放手讓孩子自己吃吧！

■ 餵食副食品時，給家長的 3 個特別提醒

1 寶寶的便便可能改變

當寶寶開始進食副食品時，其大便的形狀、顏色或味道有可能會改變。有時妳會看到食物原封不動的排出來，例如：紅蘿蔔絲、蔬菜葉、玉米粒等，這是很常見而正常的。有時米粉、米飯、蘋果泥，或是香蕉會讓寶寶的大便較硬不好排出，可以嘗試換別種食物。

2 培養正確飲食習慣

藉由使用適量的糖、鹽及油，來作調味，盡量清淡，不要過多調味，且不以食物當作鼓勵寶寶方法，提供均衡的食物，即可培養寶寶正確的飲食習慣。

3 讓孩子自己動手嘗試吃

當寶寶開始表現出對大人食物有興趣，或是他的神經發展到可以控制頭部及手的動作時，即可嘗試讓他吃副食品。不要著急，不要怕髒或麻煩，維持進餐時的愉快氣氛，和他一起享受用餐的樂趣！

●製作副食品時，應適當地調味、盡量
清淡，就可以讓寶寶發現食物的美味。

陳醫師貼心叮嚀

到底何時開始讓寶寶開始吃副食品

　　世界衛生組織、美國兒科醫學會、衛服部國民健康署都建議純哺乳6個月後才開始添加副食品。台灣兒科醫學會以及歐洲一些國家則建議純哺乳4個月可以開始添加副食品。到底是4個月還是6個月，讓不少父母覺得困惑。實際上寶寶既不知道自己該遵守哪個國家的規定，也不會看月曆知道自己多大了，到底是否可以開始吃。當他看到其他人在吃食物，他不僅會盯著他人看，也會伸手搶食物時，大概就是這個階段了。通常不建議早於4個月，但也不要錯過寶寶想吃其它食物的表徵。

　　如果到了6個月以後，寶寶還是一點興趣都沒有時，不要氣餒，隔1～2週再在主動餵食試看看。有些寶寶到7至8個月才吃得比較好。這群寶寶可能需要額外補充鐵，以滿足這段時間對營養的額外需求。

哺乳筆記

哺乳可能須面臨的挑戰

脹奶、乳房發炎,怎麼辦?寶寶不吸奶、老是晚上才
吵著要喝奶,該怎麼解決?

有效的乳房不適及常見寶寶吸奶疑難解決方案,可以
幫助妳了解自己及寶寶,並成功解決妳和寶寶的各種
哺餵疑難,讓妳們共享愉快的時光。

怎麼一直哭呢?
也不要喝奶?

如果乳房太小，會有足夠的奶水嗎？

很多人會擔心媽媽的乳房太小、太平，沒有足夠的奶水給寶寶喝。可是妳有沒有看過海豚的乳房呢？沒有大大乳房的牠們是如何餵母乳的呢？太平公主這一族如果沒有足夠的奶水，又是如何從蠻荒時代（即沒有任何所謂母乳替代品的原始時代），讓下一代生存下來，且在人類幾萬年的進化中未被淘汰呢？

■ 奶水分泌受媽媽心情及信心影響

其實乳房的大小和脂肪及結締組織的多寡有很大的關係，幸運的是，我們並不是用「油」來餵奶。在第一章裡我們曾提過，只要讓寶寶一生下來就開始吸媽媽的奶，媽媽的腦部就會下達命令，讓乳房的腺體組織開始分泌奶水。

這個訊息的傳遞會受到媽媽心情及信心的影響。如果媽媽及周圍的人都質疑媽媽乳房的大小，無法產生足夠的奶水時，媽媽的奶水就真的會變少。乳房太小或太平，不過是個代罪羔羊罷了！

如果乳房太小，會有足夠的奶水嗎？

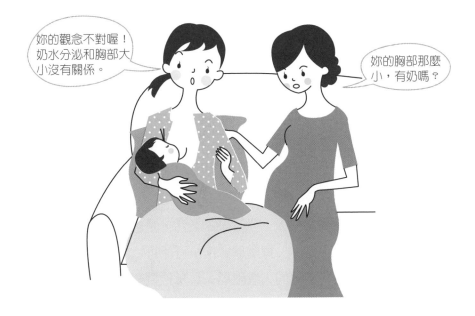

乳頭太平或凹陷，可以餵母乳嗎？

有的媽媽的乳頭看起來平平的或是凹進去的。但是寶寶在吃奶時不是只有吸乳頭，而是要含住乳頭及大部分的乳暈，所以一般對於哺乳不會有太大的影響。

■乳頭太平或凹陷的有效解決對策

如果妳有乳頭太平或凹陷的困擾時，可以試著採行以下的方式來改善。

乳房的伸展度較好時，盡早讓寶寶吸吮

通常產後的頭 1 至 2 天乳房的伸展度較好，大部分的寶寶可以毫無困難地含住乳房，甚至逐漸將乳頭拉出來。在一出生後，就讓寶寶躺在媽媽的懷裡，讓肌膚相接觸，由寶寶自己去探索乳房，他會找到適合的含住乳房方式。

盡早及頻繁地讓寶寶吸吮、熟悉妳的乳房，是最有效的改善方式。妳可以嘗試不同的姿勢，例如：橄欖球式抱法可能可以使寶寶較容易含住乳房。必要的時候，請有經驗的人或護理人員幫忙擺寶寶的姿勢，幫助他含住妳的乳房。絕對不要等到妳的乳房腫脹得十分厲害時才餵奶，這樣會讓寶寶更難含住。

餵奶前先刺激乳頭突出，讓寶寶容易含住

可以在餵奶前先試著讓乳頭更突出，使寶寶比較容易含住乳房。例如：可以用自己的大拇指及食指輕揉刺激乳頭，或是用擠奶器拉出乳頭。如果先生願意，也可以試著讓先生吸妳的乳頭，以幫忙伸展。

3　先擠出奶水應急，但不要使用奶瓶

如果寶寶在頭 1 至 2 週無法好好吸奶時，妳可以試著擠出奶水，並用杯子、滴管或是空針筒餵食寶寶。但不要使用奶瓶，因為這會讓寶寶更不容易學會含住乳房。

或者也可以試著直接擠一些奶水到寶寶嘴內，讓他更願意嘗試自己吸奶。另外，要提供寶寶多一點機會探索、接觸妳的乳房，且持續地給予寶寶皮膚對皮膚的接觸，並讓他自己試著含住妳的乳房。

4　在專業人員協助下，必要時可以藉由假乳套來協助

世界衛生組織的哺乳訓練課程中，並不建議使用假乳套（或稱乳頭套、乳頭矯正器）。因為透過假乳套，寶寶不容易含住乳房並吸出奶水（但是如果媽媽的噴乳反射很強，奶水就會自動流出來，寶寶可能還是可以吸到奶水）。此外，媽媽乳房受到的刺激也少，所以可能會比較容易使乳頭受傷，或是使奶水的產量不夠。

但是也有非常有經驗的專業泌乳顧問（lactation consultant）在哺乳文獻中表示，在專業、有經驗的人指導之下，適當地使用會對媽媽有幫助。但是如果沒有專業人員指導，或是不知道何時該停用，反而會製造問題。

我自己幫助媽媽的經驗是：愈早開始讓寶寶吸，寶寶愈會找到含住乳房的方法；不需使用假乳套。

乳頭凹陷媽媽的解決對策 →

乳房的伸展度較好時，盡早讓寶寶吸吮

餵奶前先刺激乳頭突出，讓寶寶容易含住

先擠出奶水應急，但不要使用奶瓶

POINT
3

脹奶，該怎麼協助寶寶喝奶？

在產後頭幾天，當奶水明顯增加時，妳可能會覺得乳房變熱、重且脹。但是奶水仍可順暢地流出，這就是所謂的脹奶。

沒有脹奶，不代表奶水不足

有的媽媽從出生後馬上就讓寶寶開始吸吮，且常餵奶，那麼可能都不會有脹奶的感覺，但是寶寶的成長仍然很好，表示他實際上有吃到足夠的奶水。因此，沒有脹奶不代表沒有奶水。

脹奶時應讓寶寶多吸奶，通常在餵完奶後，腫脹的感覺都會減輕，乳房會較軟，感覺也會較舒服。通常在幾天之後，妳的乳房就會適應寶寶的需求而比較不會脹奶了。

吸吮時間不足，導致乳房腫脹

但是如果在脹奶時沒有讓寶寶多吸奶，可能接著就會發生持續的乳房腫脹。此時乳房會整個變脹、而硬，使得輸乳管受到壓迫，奶水反而比較不容易流出。乳房的皮膚看起來會比較緊繃，而使得乳頭比較平。

此時寶寶不容易含住乳房，不但吸不到奶，也比較容易因爲吸奶姿勢不好，而造成媽媽的乳頭痛及破皮。有時會合併皮膚發紅及發燒，但是通常在 24 小時內就自動退燒（有的媽媽會覺得像兩顆大鉛球掛在胸前，又硬又痛）。

PART 7 可能須面臨的挑戰

■ 預防乳房脹腫的有效解決對策

　　預防乳房腫脹，最好辦法就是盡早且頻繁地餵乳，不過如果妳已經產生困擾時，不妨試著採以下的方式來改善。但如果真的痛得無法忍受時，可以請醫師給妳短效的止痛藥，對寶寶不會有影響。

1　盡早餵乳，並確定寶寶含乳姿勢正確

　　造成乳房腫脹的原因除了奶水很多之外，通常是因為太慢開始餵母乳；寶寶含奶含的不好；或是寶寶吸奶次數不夠多或時間不夠所造成。因此，產後盡早讓寶寶開始吸吮母奶；確定寶寶含奶姿勢正確，且有吸到奶水的動作（請參見 P.76 ）；同時在寶寶想吸奶的時候就餵奶，是預防乳房腫脹的不二法門。

2　繼續增加寶寶吸奶的次數及時間

　　一旦發生乳房腫脹時，治療的根本之道就是：讓寶寶將奶水吸出來。如果奶水沒有被吸出來，可能產生乳腺炎，進而形成乳房膿瘍，使奶水的製造減少。所以增加寶寶吸奶的次數及時間，可以使妳的輸乳管較快通暢，妳可以先輕柔地擠壓乳暈，擠出一些奶水，讓寶寶比較容易含住乳房，也可試看看不同的餵奶姿勢。如果寶寶不在身旁時，妳則需要將奶水擠出來，以保持暢通。

預防乳房脹腫的解決對策 →

- 盡早餵乳，並確定寶寶含乳姿勢正確
- 繼續增加寶寶吸奶的次數及時間
- 依感覺試著冷敷或溫熱敷
- 浸泡溫水或淋浴，使自己放鬆

3 依感覺試著冷敷或溫熱敷

在餵奶前，可以依妳自己的感覺選擇冷敷或熱敷。使用冷敷時，要注意不要碰到乳暈附近，以避免降低噴乳反射。此外，過度的熱敷有時反而會使血管充血腫脹，所以在餵奶前，不要熱敷超過 3 到 5 分鐘。

在餵奶中間，妳可以冷敷乳房（如使用冷凍蔬果包），來減輕疼痛。也有研究發現，使用生的綠色高麗菜（可以先冰過或是放在室溫中使用）敷在乳房上，也可減輕乳房腫脹；但每 2 小時或是葉子變軟了就要換掉。

4 浸泡溫水或淋浴，使自己放鬆

浸泡溫水或淋浴，使自己放鬆，也可以減經症狀。方法是：

> 舒服地坐著，接著將一盆溫水放在妳的膝蓋上。

> 將上身彎向膝蓋，使乳房泡在臉盆裡。

> 輕輕地搖晃妳的乳房，藉著重力可使妳的奶水比較容易流出來。

> 或者是淋浴，讓溫熱水衝擊妳的背後，使自己放鬆，
> 同時一邊按摩乳房。

●適度的浸泡溫水
　或淋浴，都有助
　於放鬆，使奶水
　容易流出來。

POINT
4

乳房有硬塊或發炎，還可以餵奶嗎？

當乳房有硬塊或是發炎時，更要讓寶寶多吸妳的奶，以避免膿瘍的發生，如果有需要，則需請有協助哺乳媽媽經驗的醫師診治，以免情況惡化。

■乳汁沒有吸出來，導致乳房阻塞、發炎

造成輸乳管阻塞及乳腺炎最主要的原因是：奶水沒有被吸出來，一直堆積在乳房內，使得輸乳管被黏稠的乳汁塞住。

區別乳腺管阻塞和乳腺炎

當乳房一部分的奶水沒有被吸出來，輸乳管被黏稠的乳汁塞住時，會發生輸乳管阻塞。通常會有局部疼痛的硬塊，硬塊上的皮膚可能會泛紅。但是媽媽不會發燒，而且感覺還好，稱為乳腺管阻塞。

但如果乳汁沒有被吸出來，可能造成乳房組織發炎，稱為非感染性乳腺炎；有時乳房被細菌感染，稱為感染性乳腺炎。此時除了有局部非常疼痛的硬塊，皮膚發紅外，媽媽還會有發燒，及疲憊的感覺。

乳腺管阻塞與乳腺炎的區別		
症 狀	**原 因**	**影 響**
乳腺管阻塞	輸乳管被黏稠的乳汁塞住時	● 局部疼痛的硬塊 ● 硬塊上的皮膚可能會泛紅 ● 不會發燒
乳腺炎	乳汁遲遲沒有被吸出來，造成乳房組織發炎	● 局部非常疼痛的硬塊 ● 皮膚發紅 ● 有發燒、疲憊的感覺

引起乳腺炎的原因

- 奶餵得不夠多。例如：寶寶開始一覺到天亮，比較不吸吮奶水；出外旅遊使餵食型態改變。

- 寶寶含乳姿勢不正確，只有吸出乳房內一部分的奶水。

- 媽媽的衣服或胸罩太緊，或是躺著餵奶時壓到乳房。

- 媽媽在餵奶時用指頭壓住部分的乳房，阻礙奶水的流出。

- 乳房較大，因為乳房垂著的關係，使得下面部分的奶水較不容易流出來。

- 媽媽的壓力過大或很忙碌、過度工作，而減少餵寶寶的次數及時間。

- 乳房外傷傷害到組織，例如：突然的撞擊，或是被較大的孩子踢到。

- 有乳頭皸裂也會使細菌進入乳房組織，而造成乳腺炎。

QUESTION?
請教醫師

該如何得知是否得乳腺炎了呢？

若有紅、腫、熱、痛的現象，而且又全身倦怠、發燒，就很有可能是乳腺炎。預防乳腺炎的方法就是，讓寶寶多吸妳的奶。如果一旦有乳腺炎時，除了服用適當的抗生素外，更要讓寶寶多吸妳的奶，以避免膿瘍的發生。

但是如果患側乳暈附近有破皮或其他病兆，例如以下狀況時，則需請乳房外科醫師診治。

- 有明顯的發燒、疲憊症狀。
- 乳頭有破皮、皸裂的狀況。
- 症狀在奶水被吸出來後 24 小時內仍未改善時。

▌有效治療乳腺炎的方案

治療輸乳管阻塞及乳腺炎，最重要的步驟，就是讓乳房阻塞部分的奶水流出來。

1 注意奶水沒有流通的原因並改正

是不是寶寶含奶含得不好，並且修正抱寶寶含奶的姿勢。

避免太緊的衣服，尤其是太緊的胸罩。

注意躺著餵奶時是否壓迫到乳房。

餵奶時手指不要壓到乳暈，以免阻塞奶水流出。

如果乳房大而下垂，且阻塞的部分是在乳房下面部分時，可試著在餵奶時以手托著提高乳房，讓乳房下面部分的奶水比較容易被寶寶吸出來。

2 增加餵奶次數、幫助奶水被吸出來

不論原因為何，多餵奶、媽媽多休息、減少餵奶之外的事情，在任何寶寶想吃的時候就餵他，也有助於消除乳腺炎。而在餵奶前妳可以熱敷，當寶寶吸奶時，妳可以輕柔地按摩乳房硬塊周圍，以幫助奶水容易被吸出來，此外，在兩餐餵食中間也可以冷敷來減輕疼痛。

3 變換不同的姿勢，先餵食沒有感染的那一側

即使乳腺發炎，一般不會增加寶寶感染的機會，仍可以持續餵寶寶吃奶。如果是餵食早產兒或者是生病的嬰兒，或許需要暫停幾天。如果沒有餵食時，請一定要將奶水擠出來，才能改善症狀。

妳也可以試看看從沒有感染的一側開始餵食。等到奶水開始流出時，再換到阻塞或感染的那一側，那麼奶水會比較容易被吸出來。每餐以不同姿勢餵食，可以吸出乳房不同部分的奶水。調整餵奶的姿勢，讓寶寶的下巴正對著硬塊處，也有助於將阻塞處的奶水排出。

4 出現發燒、疲憊且感染未改善應即刻就醫

通常，當乳房的奶水被吸出來後，輸乳管阻塞或乳腺炎會在 1 天內改善。如果妳的症狀非常嚴重，例如：已經有明顯的發燒、疲憊症狀，或是乳頭也有破皮、皸裂的狀況，或是症狀在奶水被吸出來後 24 小時內仍未改善時，需要請有經驗的醫師看診，並加上抗生素的使用，服用藥物對寶寶並不會有影響，仍然可以餵奶。

注意奶水沒有流通的原因並改正

有效治療
乳腺炎的
方案
→
增加餵奶次數、幫助奶水被吸出來

變換不同的姿勢，先餵食沒有感染的那一側

出現發燒、疲憊且感染未改善應即刻就醫

QUESTION?
請教醫師

為什麼會反覆罹患乳腺炎呢？

乳房感染最常見的細菌是金黃色葡萄球菌，所以須以抗盤尼西林的抗生素，如：cephalexin、cloxacillin、 amoxycillin-clavulinic acid、clindamycin 或 ciprofloxacin。

一旦使用藥物，即使覺得比較好了，仍一定要吃完一個療程。如果提早停藥，可能再復發。

若妳常常為乳腺炎所苦惱，除了考慮是否是抗生素未服完一定的療程外，也可能是妳的身體在對妳發出警訊：妳太累了。幫助奶水被吸出來是治療乳腺炎很重要步驟，因此，此時妳需要完全的休息。

如果還在上班，可考慮請病假，或是請人幫忙家事。讓身體休息，並增加餵奶次數。另外，也可以使用止痛藥，如 acetaminophen（普拿疼）或 ibuprofen。

我的乳頭破皮、乳房紅腫…

●如果媽媽出現乳腺炎的症狀，可尋求
　有經驗的醫師的協助。

5

乳頭為什麼會酸痛、破皮、皸裂？

在開始哺乳的頭幾天，可能會有乳頭酸痛的感覺，但是如果寶寶含奶姿勢及妳抱寶寶的姿勢正確，通常在吸奶的過程中並不會疼痛。在餵奶後可擠出一些奶水，塗在乳頭上自然乾燥；過幾天後，症狀自然就會改善。

■ 寶寶含乳姿勢不正確，傷害乳頭皮膚

乳頭酸痛最常見的原因，是寶寶含得不好，可能是因為：太早使用人工奶嘴、太慢開始餵母奶，或是乳房腫脹讓寶寶不好含住乳房等。通常，只要寶寶含得好，就比較不痛，可以正常持續餵奶。

寶寶含乳姿勢不正確、含得不好

有乳頭酸痛或破皮時，首先要確定餵奶姿勢及寶寶含奶姿勢是否正確。如果寶寶含得不好，在他吸奶時會將乳頭拉進又拉出，嘴巴會摩擦乳房的皮膚，使妳的乳頭非常痛。如果持續以這種方式吸奶，會傷害乳頭皮膚，而造成破皮皸裂。

念珠菌感染，使乳房有灼熱針刺感

如果在整個餵奶過程中，妳的乳頭都會酸痛時，除了餵奶姿勢不對外，還有可能是念珠菌感染，此時乳頭及乳暈皮膚會有一圈亮而紅的區域。有些媽媽在餵奶中乳房會有灼熱針刺的感覺，並且持續到餵食後；有時痛會深入乳房內，像針刺進乳房的感覺。此外，寶寶的口腔黏膜及舌頭上可能有白斑（鵝口瘡），或是屁股有紅疹。

PART 7　可能須面臨的挑戰

168

乳頭上有白點或小水泡

　　若因為寶寶含得不好，使皮膚受傷，而造成水泡，處理的方式和乳頭酸痛一樣，要先確定餵奶姿勢及寶寶含奶姿勢是否正確。有時可以看見乳頭上有一個小白點，當寶寶在吸奶時會十分疼痛；有時也可能是輸乳管阻塞，用手可以摸到乳房有局部的硬塊。

其他原因，如提過重的物品

　　姿勢的不正確，或是提過重的物品，也會使乳房周圍肌肉疼痛。有時噴乳反射的時候（所謂奶陣），也有的媽媽會覺得抽痛，或是電到的感覺。此外，也要注意是否是身體其他部位的不舒服，反射到乳房而感覺疼痛。

■ 有效治療乳頭酸痛、破皮、皸裂的方法

1　避免過度清潔，乳房 1 天清洗不要超過 1 次

　　在餵奶前後不需要洗乳房，和身體其他部位一樣的清洗方式就可以了。過度清洗會除掉皮膚上自然的油，更容易造成疼痛，所以乳房 1 天清洗不要超過 1 次，不要使用肥皂，或是以毛巾用力擦。另外，妳還可以針對引起的原因來預防。

2 讓寶寶含奶的部位不一樣，減輕疼痛

可以試著由比較不痛那一側開始餵奶，也可以更換餵奶的姿勢，讓寶寶含奶的部位不一樣，比較不會痛。餵奶後掀開胸罩，讓乳頭維持通風；塗一些擠出來的奶水在乳頭上，可促進傷口的癒合。

3 念珠菌感染時需配合寶寶積極治療

但是如有念珠菌感染引起的破皮，塗抹奶水就沒有幫助。此時，妳可以藉由下列的方式來改善。

配合寶寶持續塗藥物

如果寶寶沒有蠶豆症（G6PD 缺乏症），可以使用紫藥水。先滴幾滴到寶寶嘴內，等到口腔內都沾滿了紫藥水時，再抱寶寶起來吸奶。如吸完奶後，妳的乳頭及乳暈部分還有未沾到藥水的地方時，再用棉棒沾紫藥水塗抹。每天 1 次，持續 4 到 7 天，或沒有疼痛後再持續 4 天。在塗抹的過程中，要小心紫藥水很容易染污衣物。有的媽媽會在睡前使用，塗抹完後，暫時先不穿上衣，等乾了再說。

也可以使用 Nystatin 藥膏 100,000IU／公克在餵奶後塗到乳頭上， 1 天 4 次，並在患處好後繼續塗 7 天。同時寶寶也應服用 Nystatin 懸浮液 100,000IU／毫升。在餵奶後以滴管滴 1 毫升進寶寶嘴內， 1 天 4 次，持續 7 天，或是只要媽媽仍在治療就繼續服藥。

消毒寶寶接觸過的物品

在居家環境方面，如果寶寶有使用安撫奶嘴或人工奶嘴，或口水所接觸過的玩具，需 1 天煮沸 1 次。此外，乳墊與嬰兒的尿布需勤加更換。洗澡使用的毛巾上半身及下半身分開，並常換洗。多食用優格類、蔓越莓，及大蒜食品，避免甜食，以減少念珠菌的過度孳生。

媽媽服用藥物治療

　　如果經過上述處理後，仍有明顯的乳房疼痛，而且仍是高度懷疑念珠菌感染時，可考慮使用 Fluconazole，先 1 次口服 400 毫克，然後每天兩次各 100 毫克，治療至少兩週，也可同時使用止痛藥，如 ibuprofen。

4 在餵奶前先熱敷小白點，再讓寶寶吸吮

　　可在餵奶前先熱敷小白點，再讓寶寶吸吮。有時寶寶的吸吮力道會將白點吸破，使輸乳管暢通。若仍無法改善，可找專業人員協助，方法是：

> 以無菌的針頭將水泡挑開，讓奶水流出即可。

> 有時可以再稍微擠壓附近的乳暈，
> 可能會有像牙膏狀的乳汁流出，可避免再次阻塞。

有效治療乳頭不適的方法

- 避免過度清潔，乳房 1 天清洗不要超過 1 次
- 讓寶寶含奶的部位不一樣，減輕疼痛
- 念珠菌感染時需配合寶寶積極治療
- 在餵奶前先熱敷小白點，再讓寶寶吸吮

寶寶咬破乳頭，造成疼痛怎麼辦？

　　寶寶咬乳頭造成的疼痛，有時會讓媽媽非常不舒服，甚至擔心下一次餵奶時寶寶是否會再咬乳頭，而讓妳無法放鬆地享受餵母乳。幸好，大部分這樣的情況是可以獲得改善的。

▌改善寶寶咬破乳頭的方法

　　寶寶會咬乳頭有許多原因，大部分是因為寶寶將要長出第一顆牙齒或者已經長出牙來，其他可能原因包括呼吸道不舒服，要吸引媽媽注意等。妳可以試著用下面的方法來改善。

1 保持冷靜，讓寶寶自然放開乳房

　　當有這樣的情況時，有的媽媽會直接大叫，告訴寶寶不可以咬；但是要小心，有的寶寶會以為一咬媽媽就大叫很好玩，而再次嘗試。妳可以試著：保持冷靜，將寶寶往妳的胸部攬，讓他的鼻子被乳房稍悶住，那麼他的嘴巴就會自然張開。

2 如果乳頭受傷，可擠出乳汁塗在上頭

　　寶寶放開後，妳可以檢查乳頭看是否有受傷。如有受傷，可擠出乳汁塗於乳頭上。同時嚴肅而持續地告訴寶寶，當他咬乳頭時妳感覺是如何，像是：「不可以咬乳頭，媽媽會痛。」可能需要好幾次的教育，寶寶可以學會用不咬乳頭的方式吸奶。

3　感冒鼻塞時，可改採坐姿餵奶

如果寶寶是因為感冒鼻塞不舒服時，可以試看看讓寶寶用坐姿吸奶（請參見下圖），讓寶寶的呼吸較順暢，就可以減少他咬乳頭的機會。

4　長牙所引起的牙齦不舒服，可冷敷改善

如果是因為長牙所引起的牙齦不舒服，可在餵奶前用乾淨的冷毛巾，或冰涼的固齒器讓他咬，以緩和牙齦腫脹的不舒服。對於較大的嬰幼兒可給他冰涼的副食品，例如：冰過的水果。

改善寶寶咬破乳頭的方法　→

- 保持冷靜，讓寶寶自然放開乳房
- 如果乳頭受傷，可擠出乳汁塗在上頭
- 感冒鼻塞時，可改採坐姿餵奶
- 長牙所引起的牙齦不舒服，可冷敷改善

_{POINT} 1 寶寶不吸奶，該怎麼辦？

　　沒有什麼情況比一個不吸媽媽ㄋㄟㄋㄟ的寶寶，更讓人覺得挫折的了。不同年紀的寶寶可能會因為不同的情況而拒絕吸媽媽的奶，妳必須嘗試找出原因，並針對原因試看看不同的解決方式。試著放鬆妳的心情，就可再度享受和寶寶在一起的時光。

▌寶寶不吸母乳的 6 個可能因素

　　寶寶不吸母乳，可能發生在出生後的頭幾天，也可能是在媽媽開始上班以後，或者是其他的任何年紀。

　　寶寶可能只吸幾口就鬆口了，或者一邊哭著就放開乳房。更令人沮喪的是，有的寶寶只要一被媽媽抱起來準備餵奶，就哭著掙扎著要推開；有的時候寶寶則只肯吸一邊乳房，但不吸另一邊。

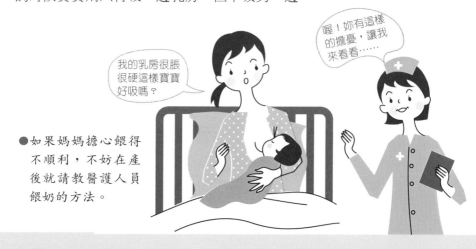

我的乳房很脹很硬這樣寶寶好吸嗎？

喔！妳有這樣的擔憂，讓我來看看……

●如果媽媽擔心餵得
　不順利，不妨在產
　後就請教醫護人員
　餵奶的方法。

1 時間不對，寶寶餓過頭或想睡

餵奶的時間不對，這常發生在出生後的頭幾天。如果媽媽和寶寶是分開的，因為無法觀察到寶寶最想喝奶的表現，所以當媽媽去嬰兒室餵奶時，寶寶可能已經餓過頭、哭累了，所以吸幾口就睡著了，或者是寶寶還想睡覺，所以根本不想喝奶。

2 寶寶太小或是不舒服

早產兒或是顎裂的寶寶，可能吸奶的力氣還不夠，需要其他的幫助（請參見 P.254）。此外，如果寶寶生病時可能比較沒有力氣吸吮，像是：當寶寶鼻塞或嘴巴痛（念珠菌感染，或是較大寶寶長牙時），可能吸一下就因為疼痛而停止，並且哭鬧。

或寶寶的頭部可能有因生產過程所造成的破皮或瘀青，所以當媽媽抱著寶寶時，若壓到這些地方，可能就會使寶寶因為疼痛而大哭並抗拒。

寶寶不吸母乳的可能原因 →

- 時間不對，寶寶餓過頭或想睡
- 寶寶太小或是不舒服
- 餵奶過程有問題
- 媽媽兩邊的乳房不一樣
- 環境改變，導致寶寶心情不好
- 不是真的拒喝母乳

3 餵奶過程有問題

　　有時餵奶的過程讓寶寶覺得不舒服，有的時候是因為各種原因讓寶寶吸不飽，甚至於吸不到奶，導致寶寶不喜歡吸媽媽的奶。例如：

- [ ] 寶寶喝奶時，媽媽不小心壓到他的後腦勺，使他想反抗。

- [ ] 餵奶時媽媽一直搖晃乳房，或是拍打寶寶的背部，使他無法好好含住乳房。

- [ ] 媽媽限制寶寶吸奶的次數及時間，使他吃不飽。

寶寶
不吸母乳

- [ ] 有時寶寶已經吸過奶瓶的奶水，由於含奶的方式不一樣，所以他無法好好的含住乳房，因而吸不到奶水。同時媽媽的奶水可能不像奶瓶的奶水，一吸就馬上流出來，因此他就沒有耐心慢慢吸。

- [ ] 奶陣來的時候，由於奶水一下子出來太快，寶寶可能因為來不及吞，就嗆到而張嘴大哭或轉頭。當寶寶放開乳房時，有時可以看到奶水噴出來。

4　媽媽兩邊的乳房不一樣

有時寶寶只吃一邊乳房，而拒絕另一側。其實這種情形在哺乳的過程
蠻常見，只是嚴重程度不一。有可能是媽媽兩邊的乳頭大小或凹凸不一，
也有可能是兩邊奶水流速不一。

如果媽媽順應寶寶的要求，只餵一邊時，根據供需原理，有餵的那一
邊奶水會愈來愈多，而沒餵的那一邊奶水就會愈來愈少。這樣不僅乳房大
小、奶量有會有明顯的差別，較少吃的那邊，還會因為奶水中的水分被身
體吸收，以致奶水口感較鹹，而使得寶寶愈來愈拒絕喝。此外，有乳腺炎
的那一側乳房，奶水也會比較鹹，所以有時寶寶也會拒絕吸。

5　環境改變，導致寶寶心情不好

當寶寶心情不好時，也可能會拒絕吸母乳。最常見於 3 到 12 個月大
的寶寶，他們不一定會哭，可能會突然拒絕吸好幾餐母乳，這個行為有時
被稱為「哺乳危機」。可能的原因包括：

- 和媽媽分開，例如，當媽媽開始上班時，有新的照顧者，或有太多
  照顧者。
- 家庭常規的改變，例如：搬家、親戚來訪。
- 媽媽生病，像是：乳房感染、媽媽月經來。
- 媽媽味道的改變，例如：使用不同的香皂，或是吃不同的食物。
- 也有媽媽發現，如果曾罵過寶寶，甚至夫妻吵架都有可能會影響寶
  寶吸奶的意願。

6 不是眞的拒喝母乳

有時寶寶的行爲，會讓媽媽以爲他不吸奶，然而，他不是眞的不要吸。

例如：

當一個新生寶寶找乳房吸奶時，他的頭會由一邊轉到另一邊，好像在說「不」，這是正常的行爲。

一個 4 到 8 個月大的寶寶很容易分心，當他們聽到聲音時，很可能就轉過頭去尋找，停止吸奶。

在 1 歲後，寶寶可能自己離乳，這通常是一個漸進的過程。

寶寶不吸母乳，媽媽可採行的因應法

☐ 盡量讓寶寶和媽媽在一起，如此媽媽可以在寶寶最想吸奶的時候餵奶。

☐ 如果寶寶不吸母乳，應該盡可能找出原因治療或去除原因。

☐ 寶寶剛開始出現只吸一邊乳房的傾向時，應盡早讓他多吸較不感興趣的一邊。

☐ 如果寶寶生病、不舒服，需請醫師診察治療。

☐ 如果寶寶無法吸吮，可能需要在醫院接受特別的照顧，媽媽可以擠出奶水，再以杯子或胃管餵他，直到他可以再度吃奶。

☐ 如果是因為寶寶的頭瘀青疼痛，媽媽可以試著改變抱的方式，以避免壓到疼痛的地方。

☐ 如果寶寶有鵝口瘡導致的疼痛或不適，則需請醫師開藥治療。

☐ 如果寶寶鼻塞，可以試著滴 1 至 2 滴溫水到鼻腔內，或是以沾濕的棉籤輕擦寶寶的鼻腔，並試著少量多餐式的餵奶。

☐ 注意寶寶含奶的方式是否正確。可以試著讓寶寶一次只吸一邊乳房，直到他自己結束，如此才能吸到充滿脂肪的後奶。下一餐，再讓他吸另一邊。

☐ 因為奶水一下子太多時，可以在餵奶前擠出一些奶水；或是平躺著餵奶（藉由重力減緩奶水的流速）。

▋鼓勵寶寶喝母乳，有效解決不吸乳危機

當寶寶不吸媽媽的奶了，有時想再度享受餵奶的愉悅時光並不是一件容易的事，因為妳無法勉強寶寶吸。

因此，媽媽必須先想清楚，自己期待的目標是什麼，是希望提供足夠或部分的奶水給寶寶喝，還是希望享受和寶寶在一起的肌膚接觸感覺（其實這兩者同等重要），給自己一個可以達到的目標，和周圍的人討論，請他們一起協助，會比較容易克服。

1 多親近寶寶，讓他找回尋乳本能

如果想要持續餵母乳，應該讓寶寶一直接觸媽媽，並讓媽媽盡可能自己照顧寶寶。請家人及其他幫助者以其他方式幫忙，例如：幫忙做家事、照顧較大的孩子。媽媽應該和家裡其他的人討論這個情況，以取得大家的共識。

媽媽可以常抱寶寶，並在餵食時間外，多給予肌膚接觸，在出生的頭幾個月當寶寶的肌膚直接接觸到媽媽的皮膚時，有些寶寶還是會有自己找到乳房的本能。所以不用急著勉強他靠近乳房，當他自己出現尋乳的動作時再協助他。

2 持續擠奶以維持奶水的分泌

除了讓寶寶直接吸奶之外，可能需要另外再多擠奶以促進奶水的分泌（擠奶水的正確方式請參見 P.116）。

3 順其自然不強迫

- 只要寶寶想吸奶就餵他。
- 媽媽不需要急著讓寶寶馬上就再接受喝奶，但是如果寶寶表現出有興趣時，應餵他喝母乳。
- 有時當寶寶剛剛想要睡覺，或是已經用杯子喝過一些奶之後，可能會比他非常餓時更願意吸奶。
- 媽媽可以試著以不同的姿勢抱寶寶，以刺激他吸。
- 用正確的姿勢好好地抱著寶寶，讓他很容易含住乳房。
- 避免在餵奶時壓寶寶的後腦勺，或是搖晃自己的乳房。
- 如果媽媽覺得奶陣來時，就可以餵寶寶。
- 媽媽可以先擠出一些奶水到寶寶嘴內，以鼓勵他吸奶。
- 寶寶會感覺到妳的心情及壓力，維持愉快的心情寶寶也會較願意吸妳的奶。

QUESTION?
請教醫師

寶寶就是只肯吸一邊的乳房，該怎麼辦？

　　為了避免這種情況發生，在寶寶剛開始出現只吸一邊乳房的傾向時，就應盡早讓他多吸較不感興趣的一邊乳房，或多擠出那一邊的奶水，刺激它持續分泌，以避免因口感及奶量的不同所引起的問題。

　　其實有些媽媽只固定用一邊的乳房餵食寶寶，照樣可以提供完全的營養，只不過兩邊乳房的大小，可能會明顯不一樣。

POINT
2
寶寶好像沒喝夠，會不會營養不足？

　　奶水不多是很多媽媽停止哺乳最常見的原因，實際上，大部分的媽媽都可以製造超過寶寶所需要的奶水。然而，的確有一些情況下寶寶並沒有吃夠，通常是因為他吸吮得不夠，或是吸吮姿勢錯誤，很少是因為媽媽無法製造足夠的奶水。

　　因此，「寶寶沒有喝夠」可能比「媽媽奶水不夠」這句話正確；寶寶沒有喝夠，並不代表媽媽就沒有奶水。

▌寶寶沒有喝夠的常見原因

較常見的原因：餵奶過程出問題

　　寶寶沒有喝夠最常見的原因通常是：餵奶的過程有問題，例如：在出生後沒有盡早開始餵奶、餵食次數不夠多、晚上沒有哺乳、餵食時間短、乳房含得不好、使用奶瓶奶嘴、添加其他食物等。

　　其他也有可能是媽媽的心理因素造成，像是：媽媽缺乏信心、憂慮和遭受壓力、不喜歡餵奶、不喜歡寶寶及身心疲憊等。

其他較少見的原因：媽媽生理情況造成

　　有非常少數的情況是因為媽媽的生理情況造成的，例如：媽媽使用避孕藥及利尿劑、媽媽甲狀腺功能低下、媽媽嚴重營養不良、飲酒過度及抽菸、子宮內胎盤殘留等。

寶寶沒喝夠奶水 3 大指標

很多媽媽和周圍的人可能因為下列的狀況的出現，而誤認為寶寶沒有喝夠，例如：

寶寶的表現：寶寶吸手指、愛哭、喝完奶後肚子不圓。

媽媽的狀態：媽媽的乳房不脹、乳房比以前軟、奶水沒有滴出來、擠不出奶、奶水看起來稀稀的，或是周圍的親朋好友質疑媽媽是否有足夠奶水等。

所以，當媽媽自覺奶水不夠時，請先確定一下寶寶到底吃夠了沒？還是只是因為周圍的人都因為寶寶愛哭、不好帶，而怪罪媽媽奶水不夠呢？

事實上，只有兩個可靠的表徵可以顯示寶寶沒有喝夠，就是：體重增加遲緩及排泄量減少。

1 體重增加遲緩

多半家庭不會有寶寶磅秤，因此，可以在寶寶做健康檢查時，量一量寶寶的體重，就能察覺是否有體重增加遲緩的現象。

一般來說，若出生 1 週後，寶寶的體重不會再往下降而會開始回升；出生兩週之內會恢復到出生體重，頭 3 個月每 1 週體重至少增加 150（100 至 200）公克以上，那麼妳就可以確定寶寶吃到足夠的奶水了。

2 尿量減少

看看寶寶的尿量也很重要，一個純吃母乳的寶寶如果有喝到足夠的母乳時，通常在 3 天大之後每 24 小時內，會排出 6 次以上清尿，尿褲濕的重量感覺大約像 3 片乾尿褲疊在一起的重量。現在大多數寶寶都使用超強吸收的紙尿褲，因此次數可能不到 6 次，但是換尿褲時可以感覺到尿褲變重很多，而且尿液顏色不是深黃色。

3 排便量不足

另外，需注意出生 3 週內的寶寶通常 1 天的大便至少 3 至 4 次以上，如果大便次數少，要小心是否沒有喝到足夠的奶水。假如出生後 5 到六天仍只有解胎便，就可能是沒有喝到足夠奶水的表徵。

寶寶奶量是否足夠檢核表

體重	出生 1 週體重開始回升 出生 2 週回到出生體重 頭 3 個月每 1 週體重增加 150（100 至 200）公克以上
尿量	頭 3 天，約 1 至 3 次 3 至 4 天後，1 天尿 6 片以上全濕尿片 顏色較清，不會深濃
大便	出生 5 到 6 天應不僅只解少量深綠色胎便 出生 3 週 1 天大便至少 3 至 4 次以上

注意！寶寶沒有喝足奶水的表徵

♦ 出生後 5 到 6 天仍只有解墨綠色的粘胎便。
♦ 出生後頭 2 到 3 週，大便次數少就要小心。

陳醫師貼心叮嚀

《媽媽的 homework》一定要學會看生長曲線圖

　　《兒童健康手冊》的前幾頁，有台灣地區 6 歲前男女生的生長曲線圖，不論是身高、頭圍或體重的畫法都一樣。圖底的橫線是寶寶的年齡，每一縱列是：寶寶的 1 個月。圖邊的縱線是：寶寶的頭圍、體重或身高。

　　當妳測量寶寶的頭圍、體重或身高後，在他年齡的那一列上對著他的頭圍、體重或身高畫出一點。當妳在不同的年齡測量過幾次後，可將這幾點連起來成一條線，這就是他的生長曲線。

　　在圖上的幾條線是參考曲線，代表健康寶寶的生長情形。每一條線上有 3 到 97 等數字，這是代表 100 位同年齡的寶寶一起來排大小，頭圍、體重、或身高由最小數來第三個就是第 3 個百分位，由最小數來第八十五個就是 85 百分位。

　　它們是上升的曲線，代表寶寶如何隨著成長而增加頭圍、體重或身高。在參考曲線範圍內都屬正常。人本來就有高矮胖瘦的差異性，並不是第 97 個百分位最好，第 3 個百分位就最差。重要的是，寶寶有沒有照著自己的生長曲線速率在長大。

　　生長速度的型態也有個別的差異性，有時長得快有時長得慢，主要看整體長期的生長連線是否大致依循生長曲線的走勢。如果走勢變化超過一到兩個區間，需請醫師評估檢查。

■ 寶寶沒吸夠，盡量再讓他多吸

如果寶寶真的沒有吸夠，請記得奶水供應的守則是：寶寶吸得愈多，媽媽的奶愈多。所以妳應該採取下列的方法來增加奶量：

1 不限制次數盡量多餵奶

當寶寶想喝就餵，不要限制吸奶時間及次數，很快地妳的奶水分泌量就會和寶寶需要的量達到平衡。

2 讓寶寶正確含奶，將奶水吸出來

要注意寶寶含奶含得好不好，是否有真正吃到奶水的動作，將奶水吸出來。如果寶含奶姿勢正確，妳同時可觀察到寶寶有嘴巴張大——暫停——再閉起來的動作。吸奶時，寶寶的下巴會先往下移動，當吸到奶水時，下巴會暫停不動（吞奶水），接著嘴巴再合起來。吸到的奶水越多，暫停時間就越明顯。

> 不限制次數盡量多餵奶
>
> 讓寶寶正確含奶，將奶水吸出來

寶寶喝不夠的多吸祕訣 →

> 當寶寶不認真時，可以擠壓乳房
>
> 換邊餵奶，並重複來回幾次
>
> 保持心情愉快，相信自己有奶水

3 當寶寶不認真時，可以擠壓乳房

如果寶寶含著乳房只是很淺、很快地吸，而非深且慢的吸吞動作時，表示他並沒有真正的喝到奶水。媽媽可以用 C 形握法（請參見右頁圖），盡量靠近胸壁，遠離乳暈，以大拇指及其他手指持續擠壓乳房，以能促進奶水流出，讓寶寶更容易喝到奶水。

如果寶寶停止吸奶時，手就鬆開；等他再度吸奶，但是又不認真吸的時候，再持續擠壓乳房。

4 換邊餵奶，並重複來回幾次

如果妳擠壓乳房，但寶寶還是不認真吸奶時，可以換邊餵，並重複上述的步驟）。妳可以來回重複換邊餵，直到寶寶不再認真吸奶為止。

5 保持心情愉快，相信自己有奶水

媽媽的心情也非常重要，相信自己有奶水，給自己一個舒適的環境，在餵奶時保持愉快的心情，通常奶水自然就會源源不斷產生。另外，也可以嘗試一些刺激奶水分泌反射的方式（請參見 P.116）。

●當寶寶吸奶不認真時，媽媽可以用 C 形握法擠壓乳房。

●如果奶量不足，妳也可以試著在餵完奶後
　再多擠奶，以促進身體產生更多奶水。

陳醫師貼心叮嚀

奶量不夠的應變法，餵完奶後再多擠

　　奶水再度產生到足夠寶寶喝的這個過程或長或短，因此，如
果奶量不夠，或許一開始仍需要添加一些配方奶或擠出來的奶
水。但是應盡量使用杯子、湯匙或滴管等其他方式添加，不要讓
寶寶直接吸到奶瓶；否則他可能無法學會正確含住媽媽乳房的方
法，媽媽也可以試著在餵完奶後再多擠奶，促進身體產生更多奶
水。

挑戰 II　和寶寶吸奶相關的難題

寶寶好像沒喝夠，會不會營養不足？

停餵後想再度泌乳，該怎麼做？

如果已經停止哺乳一段時間，而想再度餵奶時，稱為再度泌乳。再度泌乳和增加奶水量的原則及方法一樣。然而，再度泌乳比較困難，可能需要花較多的時間。

如果停餵後想再度哺乳，請先確定自己是否真的很想要再餵寶寶喝母乳，而且這需要周圍人的支持才能成功。

■ 加強親密關係及刺激，有助再度泌乳

每一個婦女奶水量增加所需的時間有很大的差別。如果妳本身有很強烈的動機，而且寶寶又願意常吸吮，會有很大的幫助。如果寶寶仍偶爾吸奶，奶水量可能在幾天內增加。

如果寶寶年紀比較小（小於兩個月大），媽媽比較容易再度泌乳。如果寶寶已經不吃母乳了，可能要花3至4週以上的時間奶水才會再來。

然而，在任何年紀都有可能，媽媽不妨嘗試以下的方法。

加強和寶寶的親密關係

刺激噴乳反射

停餵後
再度泌乳
祕訣 ➡ 誘導寶寶再度吸吮

慢慢減少餵食擠出來的母乳或配方奶量

嘗試先以其他方式餵食

吃喝要足，嘗試食用發奶的食物

1 加強親密關係，促使乳汁分泌

平常就多抱寶寶，可以讓寶寶只穿尿褲不穿衣服，皮膚貼著媽媽的皮膚，再用媽媽的衣服包住他（請參見下圖）。這樣的接觸可以提供寶寶需要的安全感，讓他再度熟悉媽媽的胸懷，更會促進媽媽奶水的分泌。

有的寶寶在這個時候就會開始自己尋找媽媽的乳房吸奶，有的寶寶可能需要媽媽幫助他找到乳房。讓寶寶多吸吮 1 天至少 10 次，只要他好像有興趣時就哺餵。讓他晚上和妳在一起並且餵母乳。有時當寶寶想睡覺時，比較願意吸吮。不過，要確定寶寶含乳房含得好。

2 刺激噴乳反射，不使用安撫奶嘴

在餵奶前妳可以用自己的手指輕柔地拉或揉乳頭以刺激奶水流暢。在奶水還沒有來之前，以杯子、湯匙或空針筒餵食寶寶；當奶水逐漸增加時，再減少其他的餵食方式，且不要使用安撫奶嘴。

●媽媽和寶寶肌膚的親密接觸，可以提供寶寶需要的安 感，增進寶寶的成長。

3 誘導寶寶吸吮，使用輔助器具

　　不要等到寶寶很餓時才餵奶，可以先擠幾滴奶水在乳頭上，以吸引寶寶吸吮。剛開始奶水還不多時，可能仍需要一些額外的補充。妳可以將一次餵奶量的奶水放入小杯子中，再用空針筒或湯匙將奶水從杯子中吸出。

以空針或小杯子餵食：（請參見下圖左）

　　在寶寶吸妳的乳房時，一邊將擠出來的母乳或是乾淨的配方奶用湯匙或空針筒滴入寶寶嘴內；或是以湯匙或小杯子將奶水沿著乳房滴下來，讓寶寶吸媽媽的乳房時，也能吸到奶水。

以胃管餵食：（請參見下圖右）

　　也可用一條醫療器材行販售的 6 號胃管，將粗的一頭浸入裝有奶水的杯子內，一頭放入寶寶的嘴內。這樣當寶寶含住乳房吸吮時，不僅可以由管子吸到杯子裡的奶水，又可刺激媽媽的乳房分泌奶水。餵食後，要以熱開水沖洗管子，以維持清潔。

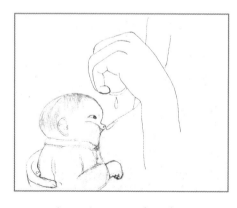

● 以小杯子將奶水沿著乳房滴下來，讓寶寶吸也吸到奶。（陳昭惠醫師繪）

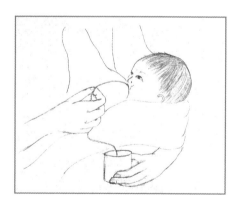

● 寶寶吸到胃管裡的奶水，可以刺激媽媽分泌奶水。（陳昭惠醫師繪）

4 慢慢減少擠出來的母乳或配方奶量

一開始，寶寶飲食量的多寡可參考之前用其他方式餵食的奶量。只要有一些母乳產生時，就可以每天減少 30 到 60 c.c. 的擠出來的奶量或配方奶量。注意寶寶的尿量，確定他喝到足夠的奶水，如果他喝得不夠，幾天內則不要減少配方奶的量。在他可以有力地吸吮之前，妳可能需要持續 3 至 4 天，並盡量讓餵食時間持續 30 分鐘左右。

5 嘗試先以其他的方式先餵食

也有的媽媽發現，寶寶因為吸不夠沒有體力，所以無法認真地吸吮乳房，一含上就會睡著。這時候妳可以嘗試先以其他的方式先餵食（例如，以指頭接胃管餵食），當寶寶吸吮一些奶水後，比較可以認真吸吮時，再讓他回到媽媽的乳房上繼續吸吮；或是在寶寶吸完媽媽的乳房後，再用湯匙或杯子餵他。

6 吃喝要足，可嘗試發奶食物

妳必須確定自己吃和喝得夠。此外，也可以嘗試一些民間發奶的食物，如：豬腳燉花生、魚湯、雞湯等。

█ 放鬆心情，用愉悅地心情哺餵寶寶

最後要再度強調，大多數的媽媽都有足夠的奶水給寶寶吃，但是有可能因為寶寶不正確的吸吮，而使得奶水量真的暫時減少。

只要媽媽對自己有信心，有決心要完全哺育寶寶母乳，在寶寶想吃的時候就餵奶，而且確定寶寶含乳房的姿勢是正確的，必要時再額外擠奶，再加上周圍人的支持，一定可以再度讓寶寶喝到最好的母乳。

不論是否能完全純哺餵母乳，請記得哺乳不僅是提供營養，在哺乳過程中媽媽和寶寶之間彼此撫觸及感覺的互動，對媽媽和寶寶的生、心理都有極大的益處。快樂的媽媽才有快樂的寶寶，即使妳只能提供部分的母乳也是很棒的，而當妳的心情放輕鬆後，奶水說不定會更容易分泌。

QUESTION?
請教醫師

一定不能使用奶瓶餵食嗎？

不用奶瓶的原因，一方面是因為奶瓶不好清洗，一方面是希望寶寶仍有吸吮的慾望，讓他盡量吸吮媽媽的乳房，以刺激媽媽奶水的分泌。

但如果妳覺得使用其他方式添加其他奶水實在很困難時，奶瓶並非絕對不可使用，但是要先知道使用奶瓶可能會有的影響，盡量讓寶寶學習兩種餵食方式（請參照 P.130-133）。最重要的是讓自己的奶水量多起來，當媽媽的奶水量多時，很多寶寶會比較願意直接吸媽媽的奶。

POINT 4　寶寶作息老是日夜顛倒，怎麼辦？

　　相信很多新手父母都有這樣的經驗：寶寶總是日夜顛倒，經常整夜不睡，而在清晨 5、 6 點左右才開始安穩入睡，讓父母整夜難以成眠。

　　面對這種情形時，妳第一個要考慮的是：「這是否真的是一個問題？」

■ 學習接受寶寶的睡眠時間

　　初為人父母者常從親朋好友，或是一些教養書上得到一個錯誤的觀念：嬰兒在幾週大時就會一覺到天亮，晚上 8 點後只會在肚子餓時醒來。

　　然而寶寶本身並未聽過這樣的說法，也未曾看過這些書，他們喜歡的睡覺時間常是半夜以後，而不是父母所希望的晚上 7 點。

1 次睡過 5 小時就算一覺到天亮

　　每一個寶寶的差異性很大。 1 個月大時，有的正常嬰兒所有的睡眠時間加起來可到 19 個小時，而有的嬰兒則睡不到 12 小時。對這個年紀的嬰兒而言，如果能 1 次睡超過 5 小時就算是一覺到天亮了。

　　如果問題所在是因為不切實際的期望時，答案十分簡單，就是改變此種期望，真心地接受這個事實，有時問題就可迎刃而解。

個別媽媽及寶寶的狀況都不一樣

　　有關寶寶的睡眠，到底什麼是正常，什麼是問題？其實同樣的情況在不同的家庭中可能會有不同的結果。

舉例來說，寶寶半夜醒來，對一個一起睡覺哺乳的媽媽而言，如果她不是淺眠型的，說不定翻個身，讓寶寶吸個奶，兩個人又可以繼續睡覺，不會成為問題。但對一個比較不易入睡，又不會躺著餵奶的媽媽而言，就可能會是一個問題。這也是為什麼我建議所有的媽媽一定要學會躺著餵奶的原因。

　　有的寶寶半夜起來，自己找到媽媽的奶，吸一吸就繼續睡覺，可能影響不大。有個寶寶半夜起來，可以自己玩 1 至 2 個小時，然後又繼續睡覺，比較麻煩的可能是，半夜起來，又一定要人陪的寶寶。

■ 寶寶日夜顛倒，可以採取的睡眠對策

　　如果寶寶老是半夜起來，讓妳覺得很困擾，那麼妳可以嘗試使用下面的幾種睡眠對策，來改善妳的睡眠品質。

改變大人的睡眠習慣

等待寶寶自己調整時刻表

改變媽媽的飲食習慣，避免刺激性食物

日夜顛倒
寶寶的
睡眠對策 → 避免食用過敏的食物

調整環境避免過度刺激

加強日夜照顧的差別

改變父母的行為

等待寶寶 3 至 4 個月大自己變穩定

1 改變大人的睡眠習慣

　　改變媽媽的睡眠習慣可能比改變寶寶更容易。如果寶寶是唯一的孩子時，媽媽可以在寶寶睡覺時暫停接聽電話，好好地陪他睡覺。但是有時無法如此做，例如：當有另一個較大的孩子在清晨 6 點半就起床時，媽媽就不可能繼續待在床上睡覺；且上班的媽媽在產假結束後，可能比較沒有時間補充睡眠。

2 等待寶寶自己調整時刻表

　　通常寶寶很快地就會學會調整自己的時刻表，讓自己有最多的時間與他們心愛的人在一起。如果媽媽一天中有一段時間不在，或是忙著其他事，寶寶可能就會覺得：「媽媽不在的時間就是最好的睡眠時段。」所以白天多注意寶寶，可能就可以改善這樣的狀況。

3 改變媽媽的飲食習慣，避免刺激性食物

　　媽媽不妨檢視自己的飲食習慣，是否攝取過多的咖啡因（咖啡因會傳至母乳中而有刺激性）。像是：是否喝太多咖啡、茶、可樂或其它含咖啡因的食物？要確定是否為咖啡因造成的簡單的測試方式就是：暫停攝取此類食物幾天，看寶寶是否有改變。如確定是咖啡因造成時，可能不需完全停止此類食物的進食，可試看看是否在下午約 4 點後停止攝取。

●下午約 4 點後停止攝取咖啡、茶、可樂或其它含咖啡因的食物。

4 避免食用過敏的食物

通常傍晚是嬰兒最鬧的時刻，而早晨則是嬰兒最舒服的時刻，推測原因可能是因為媽媽一整晚都未進食，沒有攝取可能導致過敏食物的緣故。因此，建議媽媽可以考慮避免食用一些較易引起過敏的食物。

5 調整環境避免過度刺激

過度刺激也是另一個要考慮的原因。有些比較敏感的寶寶可能在吵鬧、煩雜的白天選擇以睡覺來避開刺激。如果是此種情形時，應將白天的環境調整為較溫和些。因為如果寶寶白天一直睡覺，可以預期他晚上一定沒有興趣睡覺。

6 加強日夜照顧的差別

讓白天盡可能的有趣，而晚上則盡可能的安靜而放鬆。父母可能需要誇大他們平日的行為，如改變穿著、睡覺的地方、亮光及聲量等。例如，在晚上給寶寶穿連身長袍，在燈光昏暗的地方躺著餵奶，注意！不要讓寶寶穿太多或讓環境太熱。在白天時可穿上衣及褲子，且在光亮而熱鬧的房間，坐著餵他吃奶。

7 改變父母的行為

面對晚上哭鬧的孩子，更重要的是改變父母的行為模式，例如：白天父母可直接和寶寶講話或玩，晚上則只給予寶寶搖籃歌及輕柔的撫抱，避免眼睛的接觸、談話，或激烈地玩耍。

8 等待寶寶 3 至 4 個月大自己變穩定

　　如果在試著改變嬰兒的睡眠習慣時，寶寶變得十分煩躁，則應考慮如此做的必要性。不論父母的做法為何，大部分的寶寶於 3、4 個月大時生活習慣會戲劇性的變為穩定。

　●加強日夜的差別，晚上讓寶寶穿連身長袍，在燈光昏暗的地方躺著餵奶；白天時則穿上衣及褲子，在光亮而熱鬧的房間，坐著餵他吃奶。

寶寶半夜想喝奶，該不該餵？

在頭幾個月，因為母乳的消化吸收快，寶寶半夜起來喝奶是很正常的現象。隨著寶寶年紀的增長，半夜喝奶的次數可能會慢慢減少，但是每個寶寶的差異性很大。但要再次提醒，頭 3、4 個月寶寶需要半夜起來喝奶，才能確保有得到充分的母奶。

■ 寶寶夜奶，可採行的解決方案

但當寶寶到了 1 至 2 歲時，若還是經常半夜起來喝很多次奶時，對父母就有可能是一個很大的挑戰。這個問題即使是喝配方奶的寶寶也有可能發生，至於到底算不算問題，可能每個人的感覺不一樣，解決的方案也不只一個。但是可以確定的是，沒有一個十幾歲的青少年還會半夜起來吃奶。

找安靜的環境讓寶寶白天多吸奶

睡前讓寶寶盡量吃飽

寶寶夜奶，可採行的解決方案 → 和寶寶同床睡覺，以方便餵奶

先生不上班時，由先生陪寶寶睡

培養睡前儀式，等待夜奶情形隨寶寶年齡改善

1 找安靜的環境讓寶寶白天多吸奶

4、5個月大的寶寶開始對外界環境十分好奇,有時白天喝奶時很容易分心,可能吸幾口後覺得不餓,就被其他刺激吸引而不吸奶了,而到了晚上,再利用睡眠時間吸乳來補足他所需要的營養。

如果是這樣的狀況,白天餵奶時,應盡量找一個安靜的環境讓寶寶認真專心地吸奶,必要時再加上擠壓乳房鼓勵寶寶多喝奶。

2 睡前讓寶寶盡量吃飽

盡可能讓寶寶吃飽,餵母奶時確定寶寶含得好,且認真地喝奶(嘴巴張得夠大,吸吮是慢而深,約 1 秒 1 次的速度);不是只將媽媽的乳房當作安撫奶嘴(嘴巴沒有張大,像在吸奶嘴一樣,速度比較快)。

如果他開始時吸得不錯,但是之後停下來好一陣子,或是變成像吸奶嘴一樣的吸食時,媽媽可以試著擠壓乳房,有的時候奶水就會再出來,並且刺激寶寶再多吸吮一些。

●如果寶寶喝奶不專心,妳可以
擠壓乳房,刺激寶寶多吸吮。

和寶寶同床睡覺，以方便餵奶

大人和寶寶同床睡覺到底好不好，答案可能見仁見智；一個很重要的影響因素是文化背景。其實在東方的文化中，親子同床睡覺是很常見的現象，但是在美國這可能是比較罕見的，因此不同的國家對這個議題可能會有不同的看法。（請參考寶寶的睡眠環境一節）

 同床共眠的好處

- 寶寶比較容易入睡。
- 大人比較方便，半夜餵母奶根本不用起床。
- 寶寶哭鬧時，可能稍微用手安撫即可。
- 寶寶日後的情緒及心理發展可能比較穩定。

 **可能的考量**

有的大人非常敏感，有個小寶寶在旁邊，稍微風吹草動反而睡不著。

有研究認為親子同床可能增加嬰兒猝死症的機率，有些認為沒有危險因子時是沒有差別的。

下列狀況是不宜親子同床的：

- 媽媽或另外同睡的成人抽菸或懷孕時抽菸。
- 媽媽或同睡者使用會影響神智的藥物。
- 媽媽或同睡者因生病影響自己的清醒度。
- 媽媽或同睡者非常疲憊，無法對寶寶做適當的回應。
- 媽媽異常肥胖。
- 絕對不要同睡在沙發上。

如果要親子同床注意事項有：

● 床墊要硬而平，不要睡在太軟的床或是水床上。

● 確定寶寶不會掉下床，或卡在床墊和牆壁間隙。

● 房間溫度不要太熱（最適合的溫度是 25 至 28 ℃）。

● 寶寶不要穿太多（不要穿得比照顧者多），不要戴帽子。

● 確定寶寶不會被媽媽的枕頭或被子蓋住。

● 讓同床睡的大人知道寶寶同睡在床上。

● 不要讓兄姐和 9 月大以下的寶寶同睡。

● 讓寶寶仰著睡。

如何和寶寶同床睡覺

● 用一張大床，父母和寶寶一起睡。

● 將嬰兒床一邊的欄杆放下來，緊靠著大人的床。要注意嬰兒床的固定，以及兩張床之間不能有大縫隙可能卡住嬰兒的肢體。

● 用一個大床墊鋪在地上。

4 先生不上班時，由先生陪寶寶睡

　　有時寶寶在爸爸陪著睡覺時，就會忘記要媽媽的ㄋㄟㄋㄟ了。

●有時由爸爸來陪伴寶寶睡覺，也可以改善寶寶夜奶的情況。

■ 培養睡前儀式，等待夜奶情形隨年齡改善

　　成人在半夜也會醒來，但是我們通常都會繼續睡覺。但是如果我們半夜醒來的情境和我們入睡時的情境不一樣時，我們可能會驚醒過來睡不著。小寶寶也是這樣的。所以要注意，他入睡時的情境應該和他半夜醒來時所處的情境是一樣的，他才容易再入睡。

對於較小的寶寶可嘗試下面的方案：（可能是一歲以下）

　　當寶寶年紀逐漸增加時，至少在8個月以上（每個寶寶的年齡差異性不一樣，不要勉強，而且要確定他白天喝得夠，以免過早減少夜間的餵奶造成寶寶體重增加遲緩），就可以開始試著培養固定的睡覺儀式。

　　另外，比較小的寶寶在睡覺當中常常會發出一些聲音或是轉動身體，有時媽媽可以不用急著去抱他餵奶，而是看看他是否會自己又再度睡著。

事先觀察紀錄寶寶的睡眠習慣，如幾點睡覺等，選擇適當的時間進行，比較容易培養習慣。

在睡覺前花 20 到 30 分鐘左右，幫寶寶洗澡、按摩身體，或是看故事書、聽音樂、餵他吃奶（盡可能讓他吃飽一些），刷牙或喝杯開水。這些儀式中間可以少一至兩樣，但是每天順序應一致，寶寶比較容易學習。

在他很想睡，但是還未睡著時，放到妳希望他睡覺的地方。愉快、溫和、但是肯定的和他說晚安，然後離開。

如果妳選擇的時間是對的，他應該很容易就睡著。

如果他會抗拒哭鬧很久，表示他還不是很想睡，妳可能需要把時間再往後延。

培養小寶寶固定的睡覺儀式

對於較大的寶寶還可嘗試下面的方案：（可能是一歲以上）

 A 計畫：盡量讓寶寶遠離乳房

讓寶寶晚上不能容易的接近媽媽的乳房。例如：讓爸爸睡在媽媽和寶寶的中間，有的寶寶可能找不到媽媽的乳房，身體翻動幾下就再睡著了；如果寶寶可以接受也以選擇分床睡。

B 計畫：以說理、講故事的方式溝通

可以在睡前和寶寶說故事，例如：「太陽下山了，燈都暗了，爸爸睡覺了，媽媽睡覺了，寶寶睡覺了，ㄋㄟㄋㄟ也睡覺了……」等到半夜寶寶要找ㄋㄟㄋㄟ時，以平和的口氣告訴他：「ㄋㄟㄋㄟ睡覺了！」或以平和穩定的口氣說：「不行。」

如果妳和寶寶已經達成協議，晚上不再喝奶了，那麼當他半夜醒來要求要吸奶時，妳可以持續穩定的告訴他：「不行」。（前提最好是妳們已經達成協議，而且妳必須持續一致的作法。）

 陳醫師貼心叮嚀

尊重寶寶的睡眠需求，找出適合的方法

不論採取那種做法，要注意觀察寶寶白天的反應以確定：他已經可以停掉晚間的哺乳。每個人對睡眠的需求不一樣，每個寶寶也是不同的個體，市面上有關寶寶睡眠的問題有不少的參考書籍，所使用的方式可能截然不同。

但我要強調的是，每個寶寶都是不同的個體，每個家庭也有自己的生活方式，放鬆自己的心情，了解妳的寶寶和妳自己，相信妳們可以找出最適合妳們一家人的方式。

POINT 6

母乳哺餵可以持續多久時間？

　　隨著寶寶的成長，餵母奶的媽媽最常被問到的問題就是：「妳何時才要停止哺育母乳？」事實上，母乳是寶寶最好的食物，只要有適當地添加副食品，母乳哺餵要持續多久，可以由妳和寶寶來決定。

■ 母乳哺餵，可以持續到 2 歲以上

　　根據台灣及美國小兒科醫學會的建議是，可以持續母乳哺育到 1 歲以上，世界衛生組織則是建議至少餵到兩歲以上。因為哺乳持續提供了寶寶生心理上的需求：

母乳哺餵可持續提供寶寶免疫力

　　雖然寶寶可以吃副食品後，1 歲後可以從固體食物中得到大多數的營養，但是母乳仍然持續提供嬰幼兒免疫上的保護，並且仍是維生素、蛋白質、脂肪及消化酵素的重要來源。

滿足寶寶心理及情緒上的需求

　　母乳哺育不僅是滿足寶寶的營養需求，同時又滿足他心理及情緒上的需要。很多人擔心，母乳哺育的寶寶會比較依賴，但是實際上，嬰幼兒時期的需求被滿足的愈多者，將來長大愈獨立。在寶寶還未準備好時就強迫他離乳，有時反而會造成他更依賴。

幫助寶寶從病中快速恢復

當寶寶生病或是不舒服時，有時母乳是他唯一還願意或可以接受的食物，且可以幫助他較快從疾病中恢復健康。

出門最便利

帶著喝母乳的寶寶外出或旅行是最方便的，無須準備瓶瓶罐罐的奶粉、奶瓶及乾淨的水。

有助媽媽健康

哺乳對媽媽健康的好處，也會隨著媽媽哺乳時間的持久而增加。

姊姊要不要喝奶呀？

●即使下一胎出生了，媽媽仍然可以同時哺育兩個寶寶吃母乳。

■ 持續哺乳可能遇到的難題

由於目前在台灣哺育母乳仍不是常規，因此，持續哺育母乳的媽媽可能會遇到不少的挑戰，這些可能來自：

周圍的人不支持

周圍的親朋好友，甚至醫護人員可能會告訴妳：「寶寶這麼大了還餵母奶已經沒有什麼意義了。」這可能發生在寶寶已經 1 歲以上，甚至早在寶寶 1 個月大、 4 個月大時，妳就聽到這樣的言語了，因為很多人仍然不知道母乳哺育對寶寶和妳本身的重要性。

在公共場所餵奶不方便

有的媽媽可能會擔心餵奶會曝露出自己的身體，而覺得自己的生活空間被限制。雖然有些公共場所已經有哺乳室，但是可能被餵配方奶的家長占用。

寶寶不吃副食品

有些寶寶可能非常不容易離乳，甚至於完全依賴母乳，而不願意嘗試其他食物。有的時候是因為在他開始對外界食物有興趣時，父母們沒有注意到（請參考副食品添加原則 P.146），這種情況應該是可以避免的。有的時候在寶寶煩躁或要吸引媽媽注意時，也有可能一直要吸奶。

同時擁有二個以上的寶寶

有的時候，媽媽在哺育母乳時又懷孕了。通常即使下一胎出生了，仍然可以同時哺育兩個寶寶吃母乳。但是如果妳不想這樣做，就可能選擇在生產前就離乳比較適當。

▋媽媽可以克服的不當離乳原因

　　以前人們習慣用「斷奶」一詞，但是我們逐漸了解到，其實讓寶寶不吸母奶的最適當方式是漸進式的過程，因此我們現在比較喜歡用「離乳」這個詞。

　　在台灣，通常離乳的時間遠比理想的時間要早得多，妳可能聽到的原因包括：

WHY?　我的乳房疼痛，無法再餵奶了！

ANSWER：

　　大部分的乳房疼痛或是乳房問題，是因為餵奶姿勢不正確所造成的，這是可以預防及修正過來的。（請參見 P.67 ）

WHY?　餵母奶太累了，我必須停止！

ANSWER：

　　養育一個新生命本來就是很累人的一件事，即使停止哺育母乳，我們的生活絕對不可能再回到像以前一樣，除非我們將寶寶完全交給別人帶。在頭 1 個月媽媽和寶寶間尚處於彼此互相了解的階段時，又得隨時供應寶寶吸奶的確會很辛苦。妳不妨試著把餵奶的時間當作建立親子關係的機會，在人生整個漫長的過程中，這一段黏人的時間，在日後會是一段特別的回憶。

WHY?　我要上班了，所以我必須停止餵奶！

ANSWER：

　　如果周圍的人及環境可以配合，媽媽也想繼續，妳還是可以克服困難，持續地哺乳（請參照 P.127 ）。

WHY? 我的先生認為我的時間被餵母乳占滿了！

ANSWER：

　　剛生完產的媽媽，即使不哺育母乳，也常常就將生活的重心完全放到寶寶的身上；此時不要忘了身旁一個愛妳的另一半也仍需要妳的關愛（請參照 P.242）。

WHY? 家人或醫護人員認為母乳不營養了，該斷奶了！

ANSWER：

　　請參考世界衛生組織以及美國小兒科醫學會對於母乳哺育的建議（請參照 P.35）。

WHY? 我生病了，或是我在服用藥物，所以必須停止哺乳！

ANSWER：

　　請參考患有疾病的媽媽能不能餵母乳？（請參照 P.215）以及服用藥物或接受檢查時可以餵奶嗎？（P.219）。

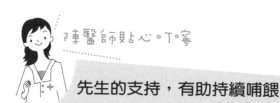

先生的支持，有助持續哺餵

媽媽自己的心理建設十分重要，自己應該先確定為什麼要持續哺育母乳。先生的支持更是讓媽媽能夠持續哺乳的重要支撐，因此，媽媽和先生間的溝通及相互扶持是十分重要的，而這樣的溝通可能隨著寶寶的成長而需要不斷地進行（請參照 P.242）。

- 有的媽媽很在意周圍的人的看法，那麼或許在外出前就先餵飽寶寶是最簡單的方法。
- 有的時候，媽媽會和寶寶創造兩人間餵母奶的密語，因此，在宴會當中，旁人聽不出寶寶想吃母奶的要求。
- 市面上也可以買到各種款式的哺乳衣，讓媽媽在公共場所餵奶時不用擔心身體可能的曝露。
- 如果妳不在意外人的看法，甚至願意藉著餵奶的行為教育其他的人正確的哺育方式，那麼有一天人們會了解母乳哺育才是最正確的哺育方式，不再用異樣的眼光看待哺乳的媽媽寶寶。
- 有的時候，適度的幽默感也可以化解一些尷尬。例如，如果當妳正在餵奶時，有人問妳：「妳還在餵母奶喔！妳還要餵多久呢？」妳可以試看看這樣回答：「再十分鐘就好了！」
- 當寶寶開始對其他食物有興趣時，千萬不要錯過添加副食品的時機。（請參照 P.146）
- 有時候，當寶寶只是無聊，或想吸引妳的注意力時，可以嘗試以其他的玩具或遊戲，或是其他愛撫方式來吸引他的注意力，開拓他的發展範圍。

■ 理想的離乳方式，是漸進式的過程

我們知道其實並不需要因為上述的原因而停止哺乳。隨著寶寶的成長，及固體食物攝取量的增加，寶寶吸母乳的次數也會逐漸減少。

有一天，他的心理滿足了，他長大了，他自然就不再吸媽媽的奶了。這可能是 1 歲，可能是 2 歲，也可能是 6、7 歲。不同的媽媽可能有不同的離乳方式，妳可以試著用下列的方法來幫助寶寶離乳。

告訴寶寶他已經長大了

當寶寶喝奶的次數減少時，妳可以試著告訴他：「你已經長大了，可以開始準備不吸奶了。」如果寶寶並沒有減少吃奶的跡象時，離乳可能還太早。要有耐心，因為對寶寶而言，吃母乳不僅是獲取營養，更是他心理得到慰藉的一個方式。

1 天減少 1 次餵奶的次數

如果在妳餵奶的時候，寶寶並不專心，或是吸一下子就不吸了，妳可以試著減掉一餐或是那一餐改用杯子餵食，或是以其他的食物替代。妳可以採取每 3 至 4 天，或是每 1 至 2 週減一餐，並逐次遞減。

通常我們建議開始離乳的時間是至少 1 歲左右，所以不一定要經過奶瓶這個階段，如此可以避免日後還要再一次戒掉奶瓶的過程。

逐漸縮短每次餵食的時間

例如：寶寶本來每一次是吸 10 分鐘，改成讓他吸 5 分鐘。然後給他一些營養的點心，或用杯子再餵他果汁或牛奶，內容要視他的年齡而定，請參考添加副食品的方法（P.148）。拖延他喝奶的時間，並用其他方式讓他分心。

轉移他的注意力

當他不再是以母奶為主食時，如果他在不適當的時間，例如：聚餐的時候，要求要吸奶，妳可以試著告訴他：「現在不適合，等到回到家或睡覺前再吸奶（通常適用於較大的孩子）」。或者妳可以用其他好玩的東西或食物吸引他的注意力。

增加吸奶的不方便性

媽媽可以多帶寶寶到公園玩，在家裡也盡量少坐著，可能可以讓寶寶比較不容易想到要吸奶。

改變睡覺前的儀式

通常睡覺前的一餐是最後被停止的一餐。有的媽媽會試著在睡覺前讓寶寶吃或喝一些點心；刷過牙之後，摟著他，和他一起看故事書或是聽音樂，然後再睡覺，這可能需要幾週的時間，寶寶才能適應。

讓寶寶知道妳仍然愛他

不論媽媽決定何時不再餵寶寶，或是如何讓寶寶不再吸母乳，重要的是，不要忘了，寶寶還是需要我們的愛，當我們不再哺餵寶寶母乳時，我們需要用其他的方式讓他感覺到我們仍是愛他的。

母乳哺餵可以持續多久時間？

適當的
離乳方法 →

- 告訴寶寶他已經長大了
- 一天減一次餵奶的次數逐漸縮短每次餵食時間
- 增加吃奶的不方便性
- 改變睡覺前的儀式
- 讓寶寶知道妳仍然愛他

不當的
離乳原因 →

- 我的乳房疼痛，無法再餵奶了
- 餵母奶太累了，我必須停止
- 我要開始上班了，必須停止餵奶
- 我的先生認為我的時間被寶寶占滿了
- 家人或醫護人員認為母乳已經不營養了
- 我生病了（或正在服用藥物），必須停止哺乳

妳已經長大囉！可以準備不吸媽媽的奶了！

- 不管妳採取 種方式來離乳，都要讓寶寶知道媽媽還是愛他的。

慢慢離乳比較好，
還是狠下心一次戒掉比較好？

　　如果妳嘗試了好幾個禮拜，寶寶還是沒有辦法停止吸母乳，可能表示寶寶還沒有準備好。有的時候是寶寶的年齡還太小，有的時候是因為家裡環境的改變，或是他的身體不舒服，讓他更想吸奶。不要急，隔幾週再試看看：他遲早會不再想吃奶了。

　　然而，在我們現在的環境下，周圍的親朋好友或是我們的工作環境可能並不允許我們這麼做。周圍的人可能無法接受漸進式的離乳的方式，而要求我們狠下心來，幾天完全不讓寶寶吸母乳，甚至幾天都不讓寶寶見到媽媽。後者採行的方式對寶寶到底有沒有影響，沒有絕對的答案。到底好不好，也是見仁見智（我個人是比較不贊同）。

　　不論採取何種方式，重要的是，我們需要用其他的方式讓他感覺到我們仍是愛他的。

挑戰Ⅲ：哺餵母乳，常見問題集

生病無法哺餵母乳時怎麼辦？

　　雖然目前哺育母乳的比例已經逐漸增加，但大多數的人，對於哺育母乳時正常的現象並不熟悉，往往是以喝配方奶的寶寶作標準，很容易造成不必要的焦慮，甚至斷奶。下面幾個常見疑問的討論，可以作為哺育母乳的參考。

　　即使是因為某些醫療上的理由不能哺餵母乳，妳仍可以提供寶寶所需要的溫暖、肌膚的接觸及安全感，這是旁人無法完全取代的，妳仍然可以是一個很好的媽媽。

■ 媽媽患有疾病的相關餵食問題

　　一般只有 3% 至 5% 的媽媽，真的不適合餵哺自己的寶寶，在此種情況下，可能需要使用母乳庫的母奶或嬰兒配方奶。所以當有人告訴妳不能哺育母乳時，請再找一位合格且有母乳哺育正確知識的醫師或保健工作者確定。

QUESTION? 我是 B 型肝炎帶原，可以餵奶嗎？

ANSWER:

台灣地區的成年婦女仍有 B 型肝炎帶原者，可經由垂直傳染在生產過程中使寶寶也受到感染，因此，台灣目前仍持續 B 型肝炎疫苗的注射。

母奶中雖可分離出 B 型肝炎病毒，但是台灣及國外的醫學研究都已確定，只要寶寶出生後立即接受 B 型肝炎球蛋白的注射，及常規的 B 型肝炎疫苗的注射，哺育母乳不會增加寶寶感染的機率，所以，妳可以安心的哺育母乳。

QUESTION? 患有疱疹病毒時，可以餵母奶嗎？

ANSWER:

母乳不會傳染疱疹病毒。媽媽如果仍有活動性的病兆時，照顧寶寶時需加強洗手的習慣，除非在乳頭、乳暈附近有明顯的水泡病兆，否則仍可哺育母奶。

QUESTION? 罹患感冒及其他病毒感染時，可以餵母乳嗎？

ANSWER:

當媽媽感冒時，寶寶不論是否哺育母乳，都有可能經由空氣感染到相同的病症。從母乳中他反而可以得到媽媽體內產生的抗體，而使症狀減輕，所以這時更要餵母奶。此外，照顧寶寶時要先洗手，避免口沫、噴嚏接觸到寶寶。

至於如巨細胞包涵體病毒等感染常是沒有症狀，雖然在母乳中可分離此種病毒，但是寶寶體內也有媽媽給他的抗體，對寶寶沒有影響，可以安心的哺育母乳。

ＱUESTION?　媽媽本身有抽菸，適合餵母乳嗎？

ＡNSWER：

　　抽菸可能使奶水分泌減少，不過，處在二手菸環境下，哺餵母乳的寶寶比吃配方奶的寶寶健康。建議媽媽不要在寶寶面前抽菸，且在餵奶前也不要抽菸。

ＱUESTION?　罹患 HIV 人類免疫不全病毒，可以餵母奶嗎？

ＡNSWER：

　　人類免疫不全病毒主要經由血液傳染， HIV 陽性媽媽有 2％至50％的機會生下帶病的寶寶。由於目前仍無法區分寶寶是在生產前或是生產後才得到此病，所以仍無法定奪寶寶感染 HIV 病毒與哺育母奶的關係。

　　最新的研究認為， HIV 陽性媽媽短時間（ 6 個月內）完全餵母奶嬰兒感染 HIV 病毒的危險性和完全哺餵配方奶一樣。

　　在台灣嬰兒配方奶餵食是被接受、可行、負擔得起，可持續且安全的，在上述條件皆滿足的情況下，對於 HIV 陽性媽媽不建議哺育母奶。當上面這幾個條件不存在時，如開發中國家，則鼓勵 HIV 陽性的媽媽短期（ 6 個月內）純哺育母奶，不要混合餵食。

ＱUESTION?　如果患有結核病，可以餵母奶嗎？

ＡNSWER：

　　結核病的媽媽可經由子宮內感染而使寶寶得病，但是不會經由母乳傳染給寶寶。如果媽媽的結核病仍有傳染性時，應和寶寶分開，避免感染。一旦治療兩週後，沒有傳染性了，就可再哺乳。

ⓆUESTION? 寶寶出生時，剛好長水痘，可以餵奶嗎？

ⒶNSWER：

　　只要媽媽沒有傳染性後（水泡皆結痂），就可持續哺餵母乳。但在發作期時，仍應將奶水擠出來，以免影響母乳分泌。

哺育母乳不會增加寶寶感染的機率，妳可以安心的哺育母乳。

我是B型肝炎帶原，可以餵母奶嗎？

●媽媽患有疾病時，相關餵母乳問題請找
　一位合格且有母乳哺育正確知識的醫師
　或保健工作者確定。

■ 服用藥物或接受檢查時的相關問題

大多數藥物在母乳中的含量很少，對寶寶沒有影響。如果寶寶也可以使用此種藥物，或是藥物不被腸胃道吸收時，例如：大多數的注射性藥物，那麼媽媽使用這些藥物是安全的。

QUESTION?　服用止痛麻醉劑後，可以哺餵母乳嗎？

ANSWER:

止痛劑如 Acetaminophen（Tylenol，普拿疼）、阿斯匹靈（一般劑量，短期使用）是相當安全的。

局部麻醉藥物不會被寶寶腸胃所吸收，所以是安全的。

全身麻醉使用的藥物像其他藥物一樣只有極少量到奶水中，幾乎不可能對寶寶造成任何影響。它們的半衰期通常非常短，很快就從身體排出。只要妳醒過來，就可以哺餵母乳。

但是要注意的是，無痛分娩及生產前 1 個小時內使用的止痛或麻醉藥物可能會影響寶寶一開始的吸吮能力。

QUESTION?　餵母乳時可以使用抗生素嗎？

ANSWER:

一般的抗生素，只要是嬰兒可以使用的，媽媽使用時仍可哺餵母乳。例如：盤尼西林類（penicillin）、紅黴素（erythromycin）、頭孢菌素類（cephalosporin）藥物。

嬰幼兒使用四環黴素（tetracyclin）雖然可能有牙齒染色或影響骨頭成長，但是媽媽服用時在奶水中的含量很低，對嬰兒不會有影響。

磺胺類的藥物可能會影響新生兒體內黃疸對腦部的影響，因此，在產後頭 1 個月內建議媽媽不要使用該類藥物。如果嬰兒是蠶豆症患者，也不建議媽媽使用。

　　氯環黴素（ chloramphenicol）可能會造成血液方面的問題，在兒童很少使用，因此，也建議媽媽盡量不要使用這種藥物。

　　Metronidazole 在奶水中的濃度和媽媽血中濃度一樣，因此，盡可能採用其他的藥物取代。如果使用兩公克單一劑量，應該在服藥後 24 小時內將奶水擠出不用，之後就可以持續哺育母乳了。

　　要再次提醒媽媽，大多數的抗生素經由奶水影響寶寶的機會很少；因此，如果媽媽有必要服用抗生素，例如：細菌性乳腺炎時，一定要照時間服用完整的療程，以免影響治療的效果。

抗生素種 與母乳哺餵

抗生素種類	對嬰兒的影響	媽媽是否可使用
盤尼西林類 （penicillin） 紅黴素 （erythromycin） 頭孢菌素類 （cephalosporin）	●為一般抗生素，嬰兒可以使用	●使用時仍可哺餵母乳
四環黴素 （tetracyclin）	●可能有牙齒染色或是影響骨頭成長	●服用時在奶水中的含量很低，對嬰兒不會有影響
磺胺類 （sulfonamides）	●可能會影響新生兒體內黃疸對腦部的影響	●產後頭 1 個月內建議不要使用 ●如果嬰兒是蠶豆症患者，也不建議使用
氯環黴素 （chloramphenicol）	●可能會造成血液方面的問題	●在兒童很少使用，建議盡量不要使用
Metronidazole	●在奶水中的濃度和媽媽血中濃度一樣	●盡量以其他藥物取代

QUESTION? 若因本身疾病而服用藥物，是否會影響寶寶健康？

ANSWER：

多數的抗癲癇藥物、抗高血壓藥物、非類固醇類抗發炎藥物（如ibuprofen），及類固醇 prednisone、甲狀腺素 thyroxin，抗甲狀腺亢進藥物 propylthiourocil（PTU）、皮膚擦用的藥物、吸入性藥物（如氣喘用藥）或是鼻子、眼睛使用的藥物，幾乎都是哺乳時可使用的安全藥物。

我在服用藥物還可以餵奶嗎？

QUESTION? 餵母乳時，可以施打預防針嗎？

ANSWER：

除少部分活性病毒疫苗，例如：德國麻疹，大部分疫苗都不會進到奶水中。所以媽媽注射所有預防針時不需停止餵奶；如果有任何的量進到奶水中，反而可幫助寶寶產生免疫力。所以媽媽注射所有預防針時不需停止餵奶。

QUESTION? 哺餵母乳時，是否可進行核子醫學放射性同位素掃描？

ANSWER:

一般的 X 光檢查，即使是使用了顯影劑，也都不需要停止餵奶。
CT scans（電腦斷層攝影）及 MRI（核磁共振攝影）也是如此。

不過，當媽媽接受核子醫學放射性同位素掃描時，則需根據個別
同位素的半衰期決定暫停哺乳的時間（約 5 個半衰期）。這段時間需
把奶水擠出來丟掉，餵食事先擠出來的母乳，之後就可持續哺乳了。

QUESTION? 正在服用抗焦慮、抗憂鬱等藥物，會影響寶寶嗎？

ANSWER:

抗焦慮、抗憂鬱等藥物在奶水中濃度很低，僅有非常少數的個案
報告顯示會引起哺乳嬰兒的不適。但是如果哺乳的媽媽長期使用時，
仍要注意對寶寶的中樞神經可能有的長期影響。

一般而言，在媽媽餵奶後馬上服藥，或是在嬰兒預計會睡很長之
前那一餐服藥，可以減少對嬰兒的影響。

QUESTION? 服用抗癌藥物時，可以哺餵母乳嗎？

ANSWER:

抗癌藥物會干擾哺乳寶寶細胞代謝，會影響寶寶的免疫力及抑制
造血功能。此外，如果媽媽藥物濫用，例如：安非他命、海洛因，有
案例報告顯示，對哺乳嬰兒有不良影響，所以這兩種情況都不適合母
乳哺育。

▌寶寶患有疾病的相關餵食問題

如果寶寶生病了可以餵母乳嗎？一般來說，寶寶若是腹瀉、黃疸時都還是可以喝母乳。喝母乳時提供的親子肌膚接觸還有助於寶寶的復元喔！

Ⓠuestion? 寶寶有先天性代謝異常，是否還能餵母乳？

Ⓐnswer:

目前台灣對初生寶寶皆有做新生兒篩檢，如果寶寶患有半乳糖血症時，需攝取特殊配方，不宜哺育母乳。至於其他的罕見代謝性疾病，如高胱胺酸尿症及苯酮尿症等，如能密切監測時，仍可以混合母乳以及特殊配方奶哺餵。

Ⓠuestion? 寶寶腹瀉時，可以喝母乳嗎？

Ⓐnswer:

哺育母乳的寶寶較不易腹瀉。他們正常時的大便即為：糊、軟、稀、帶顆粒狀，並非腹瀉。即使是真的腹瀉時，繼續哺育母乳仍是最好的選擇，無須更換成止瀉奶粉。

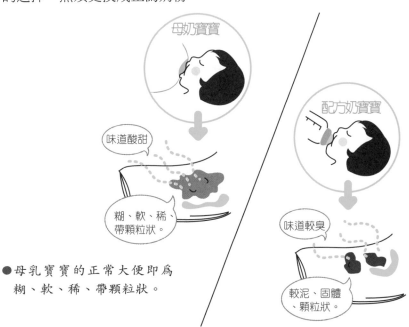

母奶寶寶

味道酸甜

糊、軟、稀、帶顆粒狀。

配方奶寶寶

味道較臭

較泥、固體、顆粒狀。

●母乳寶寶的正常大便即為糊、軟、稀、帶顆粒狀。

QUESTION? 寶寶黃疸，還可以持續喝母乳嗎？

ANSWER：

　　黃疸只是一種現象，通常不需要停餵母乳。但在寶寶有臉色變白、皮膚泛銅黃色、大便顏色變白，或活力、吸吮力變差，或是妳無法判定時，一定要請醫師診治。當寶寶是其他疾病引起黃疸時，需治療其他的疾病，但大多無須停餵母乳。（請參見 P.264 ）。

QUESTION? 寶寶住院時，可以喝母乳嗎？

ANSWER：

　　當寶寶因其他疾病必須住院時，除非必須禁食，否則仍然可以哺育母乳，如果無法親自哺餵，也可以事先擠出來用其他方式餵食，但須特別注意母乳的儲存及運送過程。（請參見 P.121 ）

POINT 2 媽媽的奶水營養夠嗎？

母乳很稀，寶寶一下就醒，是不是沒喝飽？實際上，多數媽媽的奶量都足以哺餵自己的寶寶，所以媽媽不必太過緊張，以免影響母乳的分泌。

▌顏色及濃稠度相關疑問

一般人常會以為母乳看起來稀稀的，而擔心寶寶喝不飽，但實際上，看似不夠香濃的母乳，正是小朋友最佳的營養來源。

QUESTION? 母乳看起來很稀，營養夠嗎？

ANSWER：

一般而言，初乳比較濃稠，約 1 週到 10 天後的成熟奶可能顏色就較清。同一餐中，前面的奶水比較清，後面的奶水因為脂肪多，可能比較白而濃。

一般人已經習慣配方奶的樣子，因此會誤認為母乳看起來稀稀、水水的，沒什麼營養的樣子。實際上，母乳可以完全提供寶寶前 6 個月所需要的營養，而且營養遠比配方奶來的好。

UESTION? 我的奶水有顏色，可以給寶寶喝嗎？

NSWER：

 初乳：初乳的顏色則爲黃或黃橘色。

 成熟奶：一般成熟奶的顏色前面部分是淡藍色，後面比較傾向乳白色。

有時奶水會有其他的顏色，大部分和媽媽飲食或藥物中的色素有關，寶寶的尿液也可能有相同顏色的改變，但這些顏色的改變通常都無害。

例如：香吉士橘子蘇打水含有黃色及紅色素，可以使母奶變成淡紅橘色。綠色飲料、海藻，尤其是做成顆粒狀的海藻食物，及天然的維他命丸都可能使奶水變綠。甚至曾有報告顯示，因媽媽使用 minocycline hydrochloride，而使奶水變黑。

QUESTION? 擠出來的奶有血絲，是否可以給寶寶喝？

ANSWER：

在懷孕後期及產後頭幾週可能因爲乳房內微血管破裂而造成奶水內有血絲，也有可能是因爲乳頭受傷或者擠奶過程用力不當造成出血，對寶寶通常都無害。這樣的狀況通常在 1 至 2 週內就自動消失，可持續餵寶寶喝。若持續超過 2 至 3 週以上，則應就醫安排進一步如乳房攝影的檢查。

▌有沒有脹奶的相關疑問

奶水過多或是奶水過少，都可能造成媽媽哺餵時的困擾，不過，就算妳沒有明顯的脹奶感覺，通常只要讓寶寶多吸，妳的乳房都會分泌足夠的乳汁。

QUESTION? 產後沒有脹奶的感覺，會有奶水嗎？

ANSWER：

一般初產婦約在產後 2 至 3 天，就會感到有脹奶的情況（不是每個媽媽都一定會有這個感覺，沒有這個感覺不代表沒有奶水），也就是俗稱的「奶水來了」。但早在這之前，乳房就已經開始製造初乳了。

QUESTION? 初乳量很少，寶寶有喝夠嗎？

ANSWER：

初乳量比較少、也較濃；而頭幾天的寶寶所需的量也較少，初乳就夠他喝了。頭 2 至 3 天內，寶寶每天只會尿濕 1 至 2 片的尿布。初乳提供了最重要的抗體及蛋白質等，既不會增加寶寶腎臟的負荷，又相當於最重要的第一劑預防注射，並能促進寶寶胎便的排出，減少日後的黃疸。只要寶寶需要就餵他吸奶，不僅不會讓寶寶餓，同時又可以給他營養最好的開始。

QUESTION? 產後 2 個月，乳房都還是軟軟的、沒有脹奶的感覺會有奶水嗎？

ANSWER:

　　有的媽媽在整個哺乳過程中，都沒有脹奶的感覺，但是寶寶的成長還是很好，表示他其實有喝到足夠的奶水。產後 2 至 3 個月左右，由於媽媽的奶水產量會和寶寶的需求達到平衡，所以也比較不會有脹奶的情況，乳房也會變得較軟，但是媽媽還是有足夠奶水給寶寶吃。

QUESTION? 上班時會有奶水滴出來，怎麼辦？

ANSWER:

　　在頭幾個月，有些媽媽噴乳反射較強，甚至在聽到寶寶的哭聲時，乳汁就會滴出來；有時甚至在寶寶吸奶時，另一邊的乳房就會滴奶。因此在這段時間常常會有溢奶的情況。

　　建議妳可以使用防溢乳墊（市面上有售，或是可以用布尿布，或是棉手巾裁成小方墊）襯在胸罩內。但是要常換，以免乳頭處在過濕的環境，容易有黴菌感染；或是在感覺到有噴乳反射時，以手臂壓一下乳房，就可減少滴奶了。

●初乳可以幫助寶寶得到抗體，
　對抗外來的病菌。

■ 奶水供給與寶寶食量的相關疑問

多數的媽媽一開始哺餵母乳時常會擔心寶寶沒喝飽，但其實媽媽的奶水供給多數會與寶寶的需求量達到平衡，除非寶寶的體重沒有增加，或排泄量明顯減少，才有可能是奶量不足。

QUESTION? 頭幾天我還沒有奶水，寶寶會不會餓？

ANSWER：

很多媽媽以為乳房不脹就是沒有奶水，實際上只要胎盤離開身體，寶寶開始吸奶，媽媽的乳房就會分泌初乳了。正常健康的足月寶寶在頭幾天所需要的奶水量並不大，所以初乳的量並不多。

但是它含有豐富的蛋白質、維他命、長鏈多鏈非飽和脂肪酸等，還提供寶寶重要的抗體、活細胞，是寶寶出生後的第一劑預防針。即使媽媽用手擠可能只擠出幾滴，但是只要寶寶含乳房的姿勢正確，他就能吸到他所需要的寶貴初乳了。

QUESTION? 初乳量好像不夠，需要添加配方奶嗎？

ANSWER：

如果添加了其他的配方奶，由於添加的量往往超過初乳的產量，很多工作人員都發現，這樣的作法反而可能會把寶寶的胃撐大，因此寶寶再次吸母乳時很容易因為不飽足而哭鬧。

此外，如果寶寶本身有過敏體質，即使是只有添加 1 至 2 餐的配方奶也有可能會讓過敏的機會增加。另外，由於寶寶吸媽媽乳房的次數減少，奶水的產生也會變少、變慢。

應觀察寶寶的體重變化及大小便次數。如真有吃不夠的表徵時，則須盡早求救，改善哺乳，並同時補充。以自己擠出來的母乳第一優先，其次是母乳庫的母乳，必要時則使用嬰兒配方奶。

UESTION? 餵母乳無法量奶量，如何知道寶寶有沒有喝夠？

ANSWER:

餵奶時，確定有出現吸到奶水的動作

除了寶寶的含奶姿勢正確之外，妳同時可觀察到寶寶有：嘴巴張大——暫停——再閉起來的動作。

吸奶時，下巴先往下移動，當吸到奶水時，下巴會暫停不動（吞奶水），接著嘴巴在合起來，吸到的奶水越多，暫停時間就越明顯。

從排泄量是否足夠來觀察

● **尿量：** 通常寶寶出生頭 3 天尿量不多，約 1 天 1 到 3 次。 3 至 4 天後，寶寶 1 天尿 6 片以上全濕的尿片（每次約為 3 片乾尿褲的重量），且尿的顏色不會深濃，那麼即可知道寶寶已獲得足夠的營養。

● **大便量：** 出生 3 週內的寶寶通常 1 天的大便至少 3 至 4 次以上，如果大便次數少，要小心是否沒有吃到足夠的奶水。另外，如果出生後 5 到 6 天仍只有解少量深綠色胎便，可能是沒有吃到足夠奶水的表徵。

由體重是否持續增加來判斷

出生 1 週後，體重不再往下降而開始回升；出生兩週之內恢復到出生體重，頭 3 個月每 1 週體重至少增加 150 (100 至 200) 公克以上，就可以確定寶寶吃到足夠的奶水了。

QUESTION? **寶寶每次吸奶只吸 5 分鐘，有吸到後奶嗎？**

ANSWER：

　　每個寶寶的吸吮力強弱不一，尤其是在出生 1 至 2 個月後，有的寶寶吸吮力很強，很可能在 5 分鐘之內就喝到他所需要的奶水了。

　　所以重要的不是寶寶的吸吮時間，而是他在喝奶的過程中是否都很認真地一大口、一大口的吸吮吞嚥，如果有，那麼即使只是短短的 5 分鐘，都會吸吮到脂肪含量比較高的奶水。

　　但如果寶寶只是快速淺淺地像在吸吮奶嘴的動作，那麼即使吸了很長的時間，可能還是沒有吸吮到多少奶水，奶水的脂肪含量也可能是比較低的。

QUESTION? **寶寶老是吸奶一下就睡著了，該怎麼鼓勵他多喝？**

ANSWER：

　　在頭幾週內，有的寶寶不管怎麼樣就是只吸一下子就睡著了，而且很快就醒來要吃奶。有的寶寶可能喝不到 5 分鐘就睡著，那麼在餵奶時，妳可以嘗試：

👶 不要讓他穿太多，以免太過溫暖，一下就想睡。

👶 餵食中搔搔他的腳，按摩他的背部，盡量維持他的清醒，讓他吸久一點。

👶 以 C 型握法擠壓乳房，鼓勵寶寶多吸奶。

QUESTION? 最近寶寶一直要喝奶，是不是奶水變少了？

　　ANSWER：

👶 **媽媽部分的可能性：**

● 媽媽可以根據 Q3 的表徵來確認寶寶是否有吃飽。

● 要注意自己是否有服用會讓奶水減少的藥物（如口服避孕藥）
等。

● 或者是工作及家務壓力太大，減少了餵奶或擠奶的次數及時
間。

👶 **寶寶部分的可能性：**

● 在寶寶剛出院時；4 週大、3 個月，及 6 個月大時（每個寶寶
的時間可能會有差異性）會有生長較快，需求增加的現象。

● 寶寶不舒服時，也會比較想喝奶。只要順其需求餵奶，通常在
幾天後就會恢復正常。

糟糕，好多家事
還沒做，煮完飯
還要掃地，沒時
間餵奶了！

● 如果媽媽家事或是工作太
勞累，減少餵奶的次數，
也有可能使奶量減少。

母乳寶寶會長得比較慢嗎？

母乳寶寶喝奶的頻率，會比配方奶寶寶多很多，所以他會有很多的機會和媽媽在一起，這對親子關係的建立，還有寶寶的心理發展都有非常大的助益。這也是吃母乳寶寶比較聰明的原因之一呢！

▋寶寶便便、腹脹相關問題

寶寶剛出生，妳可能會面臨許多育兒上的問題，諸如：寶寶便便不順、肚子脹氣等，雖然不見得與妳哺乳的方式相關，但妳仍需有所了解，才能給予寶寶協助。

ＱUESTION? ▌寶寶 4 ～ 5 天沒解大便，是不是便秘？

ＡNSWER：

胎便：出生頭一兩天所解的大便為墨綠黏稠，即所謂胎便。

正常的大便：之後的大便逐漸變為黃糊帶水的形狀，帶一點黏液，有一點顆粒，有一點酸味，甚至一吃就解，這是正常的大便，不是腹瀉。這樣的大便情況，有的寶寶一直維持到添加固體食物時，才變成比較成形。

但是，有些寶寶的大便情況，在 1 至 2 個月後反而變成 3 至 4 天才解一次，通常仍是軟便；最久甚至可以 1 至 2 週才解一次軟大便，這並非便秘。只要寶寶沒有腹脹、哭鬧不安，且小便量仍很正常，就不用太擔心。

注意！

出生後頭 2 到 3 週，如果大便次數少，要小心是否是沒有吃到足夠的奶水。出生後 5 到 6 天仍只有解墨綠色的粘胎便，可能是沒有吃到足夠奶水的表徵。

ANSWER:

寶寶剛喝飽時，肚子會圓鼓鼓的，但是應該沒有硬塊。就算寶寶的肚子圓圓的，但只要他仍然活潑、沒有腹瀉、便秘或是持續嘔吐的情況，而且肚子摸起來沒有硬塊，就不用太擔心。其他可以改善的方式有：（請參見P.112）

PART 7 可能須面臨的挑戰

不要哭很久才餵，以免吸進空氣。

餵完奶後要記得幫寶寶排氣。

讓寶寶吸到飽足，再換邊餵。

腸絞痛時，可輕輕按摩腹部減緩。

留意有無腸胃道感染。

如有合併症狀，如：精神變差、嘔吐、便秘等應即刻就醫。

喝飽了！爸爸幫你拍打嗝喔！

餵完奶後記得幫寶寶拍嗝喔！

●餵完奶後幫寶寶排氣，可避免寶寶脹氣不舒服。

■ 寶寶生長速度及餵食的問題

寶寶出生後頭 5 年的生長差異性主要是受營養、餵食方式、環境及健康照顧的影響。

QUESTION? 寶寶體重從 6 個月後增加變慢，是不是母乳不夠營養？

ANSWER:

完全哺餵母乳的寶寶在頭 3 到 4 個月的體重增加較快，但在 4 到 6 個月後，體重增加通常較吃配方奶的寶寶慢，之後增加速度逐漸變緩慢，可以參考最新的生長曲線圖來評估寶寶的成長狀況。

世界衛生組織於 2006 年 4 月 27 日發表嬰幼兒最新的國際生長標準，與舊有的標準不同，這個新的標準描述兒童應該如何的生長，將母乳哺育視爲常模，同時提供所有健康幼兒的國際標準。最新的《兒童健康手冊》已經採取世界衛生組織這個版本了。

這個新的世界標準是一個多國多中心的研究計畫，由 1997 至 2003 年收集來自不同國家（包括巴西、加拿大、印度、挪威、阿曼和美國）8,440 位健康嬰幼兒的生長及其他資料。這個生長標準證實，兒童頭 5 年的生長差異性主要是受營養、餵食方式、環境及健康照顧的影響，而不是受基因或人種的影響。因此，適用於全世界各地的嬰幼兒。

QUESTION? 母乳寶寶，需要額外餵食開水或配方奶嗎？

ANSWER:

母乳含有豐富的水分，所以即使是在很熱的天氣裡，也無須添加水或葡萄糖水。尤其在寶寶出生頭 1 至 2 週內。醫學研究發現，添加水或葡萄糖水反而會增加寶寶黃疸的可能性。

除非有醫療上的特殊需求，寶寶在出生頭六個月內，純喝母乳就夠了；之後添加足夠富含鐵的副食品，仍建議持續哺乳，並不需要配方奶。

寶寶 1 歲了（或 1 歲半，或 2 歲）卻還只喝母乳，其他東西都不吃，該怎麼辦？

ANSWER：

上述的情況有時不是很好處理，因此，最好是在寶寶表現出想吃其他食物的關鍵期時給予適當的副食品，才不會讓自己及寶寶陷入此種情況。（副食品的添加方式，請參見 P.148）

一旦有這樣的情況出現時，大多數人的建議是斷奶。但是，這不是最好的方法，有的寶寶即使斷奶了，還是會不肯吃其他食物，反而讓他的體重更輕。

理論上，正常的小朋友不會讓自己餓著。雖然妳覺得他什麼東西都不吃，但是他是否有吃一些零嘴，喝一些飲料或果汁？這些都會讓他比較沒有飢餓感，而不想吃一般的飲食。此時，妳最需要的是耐心，有時妳愈盯著寶寶看，他愈吃不下。

所以妳可以試看看下列的方式，一般都會逐漸改善的。

如果他不是很認真地在吸奶時，就停止餵奶，然後給他一些食物，看他是否有興趣。

準備一些他可以抓著吃的食物，例如：香蕉、蘋果切片、土司、水餃、包子、麵條、馬鈴薯丁或是地瓜丁。

讓他和其他小朋友一起吃東西，他會覺得比較好玩，比較願意嘗試。

當妳和家人或朋友一起愉快地聊天進餐時，讓他坐在旁邊，有時他甚至會自己從妳的盤子中拿一些食物吃。

放鬆心情，讓吃東西變成是一件愉快而好玩的事。

▌寶寶乳牙健康的相關問題

寶寶長牙後，還可以喝母乳嗎？答案是可以的，不過妳要更注意寶寶的牙齒清潔才可以維持乳牙的健康。

QUESTION? 寶寶長牙後時常會咬乳頭，該怎麼處理？

ANSWER:

寶寶咬乳頭造成的疼痛，有時會讓媽媽非常不舒服，甚至擔心下一次餵奶時寶寶是否會再咬乳頭，而讓妳無法放鬆地享受餵母乳。幸好，大部分這樣的情況是可以獲得改善的。

寶寶會咬乳頭有許多原因，大部分是因為寶寶將要長出第一顆牙齒或者已經長出牙來，其他可能原因包括，呼吸道不舒服，要吸引媽媽注意等。

妳可以試著：保持冷靜，將寶寶往妳的胸部攬，讓他的鼻子被乳房稍悶住，那麼他的嘴巴就會自然張開。接著觀察寶寶咬乳頭的原因並找出解決的方式。（請參見 P.172）

和寶寶多次溝通，不可以咬乳頭，不然媽媽會很痛。

如果乳頭受傷，可擠出乳汁塗在上頭。

感冒鼻塞時，可改採坐姿餵奶。

長牙所引起的牙齦不舒服，可冷敷改善。

ANSWER:

　　很多人會擔心母乳中的乳糖會造成蛀牙，但是根據最新的醫學文獻研究結果發現，長期哺育母乳並不會造成蛀牙。哺育母乳還可以減少咬合不正、顏面肌肉發育不全，及阻塞性睡眠呼吸暫停的危險性。事實上，引發蛀牙的主要成因包括：

牙齒暴露在糖分下的頻率：糖分攝取是蛀牙的主因，包括：果汁、麥粉、麵包、葡萄乾或是藥物中的糖分。影響因素主要是牙齒暴露在糖分下的頻率，而不是所接受糖分的總量。也就是說，如果妳要給寶寶 1 天吃 3 顆糖，最好 1 次吃完，而不是分 3 次吃。

蛀牙菌進入寶寶口中的時間：蛀牙菌可以經由照顧寶寶的人傳染給寶寶，例如：親吻、共用湯匙等。

胎兒時間的影響：胎兒發育期間媽媽的疾病或壓力。

家庭習慣不佳：家庭的飲食習慣不好、家庭的口腔及衛生習慣不好。

家庭的遺傳：家庭的遺傳性雖然是較小的影響因子，但仍有部分可能。

Q uestion? 該如何維持母乳寶寶的牙齒健康呢？

A nswer:

母乳哺育和寶寶的蛀牙無關。然而，完全哺育母乳並不能保證寶寶不會蛀牙，因爲還有很多其他危險因子存在。因此，我建議：

維持 1 天至少 1 次完整的牙齒清潔工作： 從小就養成清潔寶寶口腔的習慣，在未長牙前用一塊乾淨的軟布，清潔寶寶的牙齦及口腔；等到寶寶長第一顆牙開始，就用軟的牙刷幫他清潔。

不要讓寶寶養成吸奶瓶睡覺的習慣： 不要將奶瓶當作安撫寶寶的工具，不要讓寶寶口中含著奶水睡覺。直接喝母乳時，因爲寶寶會將乳房吸得長長的，所以奶水直接進到口腔後面，較少接觸牙齒，所以比較沒有關係。

減少寶寶接觸糖的次數： 安撫奶嘴不要塗上糖水或其他含糖食物，並減少給寶寶及幼兒吃糖的次數。

6 個月開始，就嘗試改用練習杯： 當寶寶準備好時，就開始練習使用杯子，盡早幫助寶寶戒掉奶瓶。

當乳牙長出後，就帶寶寶至牙醫師檢查： 目前健保給付 5 歲之前的兒童可以每半年給牙醫師檢查，並做適當的蛀牙防治處理，並在適當的時機開始做牙齒塗氟的處理。

大人也要注意口腔及牙齒清潔： 大人應注意本身的口腔清潔，以避免本身口腔中有蛀牙菌，傳染給寶寶。

可視情況使用氟： 因爲台灣的飲水中並未添加氟，可參考兒童牙醫師的建議使用氟。

另一半該怎麼給媽媽支持？

　　隨著寶寶的出生，原來兩人世界的生活步調，一定會有很大的改變。哺乳的媽媽對寶寶的敏感度會因著荷爾蒙的變化而大大地增加，而使另一半覺得遭到忽略，下面的須知是需要夫妻雙方一起努力了解的問題，提供妳參考。

　　另一半也是寶寶成長過程中的一個重要人物，不要忘了，妳的另一半也是寶寶的爸爸，夫妻之間的親密關係仍是需要不斷地溝通及努力來維持。

■ 哺乳期的受孕及避孕問題

QUESTION? 寶寶出生後，月經何時會來？

ANSWER:

　　每個媽媽的差異性很大，根據研究顯示：

哺乳的媽媽第一次的月經可以早在產後 4 到 6 週就回來了。

第一次月經恢復前就排卵的機會由 14% 到 75% 不等。

第一次月經較晚恢復者，當次就排卵的機會較多。

日夜都哺乳的媽媽有 9% 到 30% 在 3 個月內月經就恢復了，有19% 到 53% 到 180 天才恢復。

Ｑuestion? 哺餵母乳時會懷孕嗎？

Ａnswer:

當媽媽的月經還未恢復，寶寶不到 6 個月大，而且沒有添加其他食物，寶寶餓就吃母乳時，媽媽再度懷孕的機會非常小（小於 2%）。這是被稱為「泌乳無月經法」（LAM）的一種避孕方式。

但是如果媽媽的月經已經恢復，或寶寶超過 6 個月大，或是他已經添加其他種食物時，妳就必須要採取其他方式避孕。像是：子宮內避孕器，就十分適合哺育母乳的媽媽使用。

Ｑuestion? 在哺乳期該怎麼避孕，可以服用避孕藥嗎？

Ａnswer:

如果媽媽不是完全哺育母乳時，應該在產後 6 週之內開始另一種避孕方式（藥物以外的方法）。

所有藥物以外的方式，對泌乳都沒有影響：例如：子宮內避孕器非常適合；此外，正確使用保險套、殺精劑也有效。當寶寶超過 6 個月大後，這些方式也可以補足哺育母乳所提供的部分保護。

只含黃體素的藥物方式，可能會稍增加奶水量：可用於哺餵母乳時的避孕藥物，包括： depo-provera，及較新的 norplant，或是只含黃體素的藥丸。它們對泌乳的影響是，可能會稍稍增加奶水量。

合併雌激素及黃體素的藥物，會降低奶量：最不適合的就是合併雌激素及黃體素的藥物，例如：綜合藥丸。它們有時會減少奶水量，所以在哺乳期應避免使用。然而，如果沒有其它的避孕方式可用，服用這種綜合藥丸總比再度懷孕對媽媽及寶寶較好，此時應繼續多哺育母乳，以避免奶量降低太多。

QUESTION? 再度懷孕時，可以持續餵奶嗎？

ANSWER：

一般而言，懷孕了仍可持續哺乳。等到下一胎出生時，母乳的成分會自動轉成初乳的成分，對新生兒的營養及成長沒有影響。唯一要注意的是，媽媽自己要多休息、攝取足夠的營養，以同時滿足胎兒及前一胎寶寶的需求。

在懷孕的過程中，有的媽媽會覺得乳頭比較敏感，寶寶吸奶時會比較疼痛，可能要稍微注意一下餵奶姿勢。有時會覺得奶水量減少，但是在產後很快又會恢復正常。如果前一胎寶寶已經比較大了，約1歲左右，很多寶寶會在媽媽懷孕中自動離乳。

有很少數的情況是，媽媽會感到非常厲害的宮縮，或是哺乳過程變得很不舒服且無法改善，此時通常前一胎寶寶也比較大了，媽媽也可以考慮離乳。建議不要等到生產後才離乳，因為對上一胎的寶寶而言，這可能會是雙重的打擊。

■ 哺乳時妳和妳的另一半相關問題

隨著新時代的來臨，新好男人被期待著是：回家可以協助做家事，並幫忙帶小寶寶。如果寶寶是餵母奶，那麼爸爸是不是就插不上手了呢？實際上爸爸的協助，是母乳哺育成功的重要因素之一，千萬不要把爸爸摒除在外喔！

QUESTION? 哺乳期間可以和另一半行房嗎？

ANSWER：

有的研究認為，哺乳的媽媽性慾恢復得比較快，但是有的媽媽卻是性趣缺缺；可能是因為有寶寶後較疲憊，或因為荷爾蒙的變化，或是害怕再次懷孕。此時需要媽媽和爸爸彼此多溝通，相互體諒及協調。

因為體內荷爾蒙的改變，媽媽的陰道分泌物會減少，在行房的過程會覺得比較乾燥而不舒服，可以使用局部的潤滑劑改善。另外，在行房的過程中，乳房可能會噴奶，有時會造成不少困擾，妳可以試著在行房前先餵過寶寶，或是把奶水擠出來。另外，爸爸能事先了解奶水噴出的原理，也可減少不必要的心理反應。

QUESTION? 哺乳時先生要求將乳汁擠出來由他餵，是否可以呢？

ANSWER：

研究發現，如果配偶哺育母乳時，先生可能會有下列的感覺：

擔心自己無法和小孩建立親密關係。

覺得能力不足，無法和配偶的乳房競爭。

覺得孩子擋在他和配偶之間。

當孩子終於離乳時，有些先生會鬆了一口氣，覺得終於有機會贏回配偶或是寶寶了。

因此，有的先生會要求媽媽不要餵奶；或者是把奶水擠出來，讓爸爸可以用奶瓶來餵寶寶吃奶。然而，在寶寶出生頭 1 個月裡，或者是媽媽可以全職帶寶寶的情況下，這並不是最好的建議。

Q UESTION? 哺乳時先生可給予的協助是什麼？

A NSWER:

在目前的社會中，先生是支持媽媽持續哺育母乳的一個重要角色。如果先生真的想做一個好爸爸，那麼在產前，就有責任去了解：什麼是寶寶最需要的營養，哪種餵食方式對寶寶，及對自己的太太最好？一旦了解到哺育母乳是最好的選擇時，當外界有任何質疑的聲音或不支持的動作時，就應該義無反顧的擔當起捍衛媽媽和寶寶哺育母乳權利的角色，保護媽媽免於太多的干擾。

在媽媽哺乳時，先生可以協助的事情有：

確定媽媽在哺乳過程中的舒適，注意哺乳過程中寶寶的姿勢及含奶姿勢。

確定媽媽得到所需要的睡眠和休息，了解媽媽在產後頭 1 至 2 個月會比較敏感，不妨多使用正面鼓勵的話語，和媽媽維持良好的溝通。

寶寶喝飽了，我來拍打嗝，媽媽休息一下吧！

QUESTION? 母乳寶寶和爸爸之間該如何進一步的互動呢？

ANSWER：

　　實際上，寶寶需要的不只是吃飽而已，他還需要一個溫暖的胸懷，和知道寂寞時有人陪伴他的安全感，而這些都是爸爸可以提供的。哺乳的媽媽在餵奶之外，需要多休息，以讓奶水更容易豐沛。

　　此時，爸爸應把握和寶寶在一起，尤其是肌膚接觸的機會。在媽媽餵完奶後，爸爸可以：

抱寶寶、和他說說話、幫忙排氣。

換尿褲、洗澡，及睡前故事時間都是每天必行的功課。

當寶寶哭鬧時，不要忘了，安撫他的一大利器是爸爸的胸懷和他低沉的聲音（請參見 P.110）。

QUESTION? 哺乳時先生應扮演的角色是什麼？

ANSWER：

　　爸爸更需要體諒及支持餵奶的媽媽，母乳哺育不是一件容易的事，尤其是在一開始時可能是非常累人的。盡力協調自己的媽媽和太太之間，對於母乳的不同意見，例如：有時婆婆會認為媽媽的奶量可能不夠多、寶寶會吃不飽……等，而讓媽媽備感壓力。

　　你可以放低對家事的要求，可能的話，最好幫忙做家事，減輕哺乳媽媽的負擔。體諒太太在哺育母乳時可能對房事不像以前那麼有興趣，然而，她還是需要先生的愛和支持。

　　養育子女是爸爸和媽媽兩個人一起的事，隨著新生命的來臨，兩個人的世界已經不再像以前一樣了，這段調適的過程，更需要兩人彼此互相的體諒及支持，可能的話，應盡量幫忙帶小孩，以減輕哺乳媽媽的負擔。

哺餵母乳常見迷思有哪些？

■ 奶水分泌量的常見迷思

QUESTION? 母乳是怎麼分泌的，怎麼樣才能讓奶水更多？

ANSWER：

當寶寶吸吮時，傳遞訊息至大腦，讓大腦分泌泌乳激素；泌乳激素促進乳腺細胞奶水分泌。如果嬰兒吸吮得越多，乳房就會製造更多的奶水。

QUESTION? 母乳如何流出，怎麼樣才能讓奶水流通更順暢？

ANSWER：

當寶寶吸吮時，同時傳遞訊息至大腦，讓大腦分泌催產素。催產素使乳腺泡周圍的肌皮細胞收縮，將乳腺中儲存的乳汁送出來，讓寶寶更容易吸到奶水，這稱為催產素反射或噴乳反射。

它的另一個重要作用是促進產後子宮收縮，減少出血，所以產後頭幾天，餵奶時有時會有子宮收縮的疼痛，同時伴有惡露排出，這種痛可能很劇烈。

奶水的流出（噴乳反射）會受到媽媽心情的影響。當媽媽很有自信、很放鬆、心情愉快時，訊息的傳送就十分順暢；此時即使寶寶不在身邊，只要想著寶寶，或是聽到他的哭聲，奶水也會很快流出來。

但如果周圍的人都不支持媽媽，媽媽也懷疑自己的奶水量，或是本身很疲憊、緊張、不舒服、產傷痛、乳房痛，那麼就算寶寶很認真地吸，媽媽也很努力地常餵他或常擠奶，奶水還是會比較不容易出來。

QUESTION? 生雙胞胎或多胞胎的媽媽，母乳的分泌量會增加嗎？

ANSWER:

奶水分泌比妳想像的多。大部分的媽媽可以製造的奶水，比寶寶所需要的更多，如果她有一對雙胞胎，而且兩個都吸奶，那麼她的乳房會製造兩個孩子所需的奶水。事實上，多數的媽媽可以製造至少夠兩個嬰兒吃的奶水。

QUESTION? 寶寶常常吸得很頻繁或吸很久，是因為奶水不足嗎？

ANSWER:

奶水分泌會配合寶寶的需求。如果寶寶吸得少，乳房就製造較少的奶水，因此，如果寶寶停止吸吮，乳房很快就會停止製造奶水；但只要寶寶想喝就餵他，媽媽的奶水很快就會和他的需求量一樣。一般會讓媽媽誤以為自己奶水不夠的可能原因有：

寶寶還在學習：在頭幾週當寶寶還在學習時，常常喝得很頻繁或是一餐喝很久，讓很多媽媽誤以為自己的奶水不夠，但只要寶寶有正確地含住乳房，通常奶水不會不夠。

寶寶快速成長：當寶寶成長特別快速的時候，會有幾天顯得特別飢餓，一直要吃奶。（請參見 P.65、182，以確定寶寶有喝到足夠的奶水）

Ⓠ︎UESTION? 夜間餵奶會不會讓媽媽的休息時間不足呢？

Ⓐ︎NSWER：

　　奶水的分泌晚上比白天多。晚上泌乳激素分泌較多，所以夜間的餵食對維持奶水充足特別有幫助。此外，泌乳激素可使媽媽感覺放鬆，有時會使媽媽想睡覺，所以通常只要學會「臥姿」餵奶的方法（請參見 P.67），那麼即使在夜間餵奶媽媽仍能得到休息。

Ⓠ︎UESTION? 拉長餵奶的間隔時間，會讓乳房中儲存的奶水增加？

Ⓐ︎NSWER：

　　奶水沒有排出，反而會減少分泌。乳汁中有一個可以減少或抑制奶水製造的物質，如果將很多奶水留在乳房內，這個抑制物會促使細胞不再製造任何奶水。所以拉長餵奶的間隔時間，不會讓乳房中儲存的奶水增加，反而會抑制奶水的分泌，使奶水產量減少。

　　經由吸吮或擠奶排出母乳的同時，抑制物也會被排出，並促使乳房再製造更多的奶水。因此，奶水持續地被吸吮出來，是促使母體製造更多奶水的最重要因素。

　　😊 決定媽媽奶水量多寡的最重要人物：寶寶。

　　😊 讓奶水分泌多且通暢的秘訣：及早吸、常常吸、正確吸。

▋ 哺餵母乳的常見迷思

在哺育母乳的路上，妳可能得面臨很多人的挑戰，此外一些似是而非的迷思也會讓妳感到困惑，以下我們將幫助妳釐清這些困擾。

ＱUESTION? 很多人都知道母乳雖然最好，但是配方奶不是也不錯嗎？

ＡNSWER：

人們不完全了解母乳，由於配方奶公司的廣告及宣傳，使人們誤認，吃配方奶的寶寶長得白白胖胖的，比較好看。然而，從配方奶公司每一年都必須修正他們的營養配方的舉動中，我們可以得知，沒有一種配方奶擁有像母乳那麼多那麼豐富的營養素。

母乳中的生物活性因子是配方奶所無法模擬的，且哺乳過程中，對媽媽身體健康的幫助，以及親子關係的增進，更是配方奶所做不到的。

ＱUESTION? 聽說母乳在寶寶 4 到 6 個月後就沒有營養了，是不是要趕緊斷奶？

ＡNSWER：

營養研究證實，頭 6 個月完全哺育母乳可以提供寶寶所需要的所有營養。之後，雖然需要添加適當的固體食物，但母乳仍是寶寶所需要的蛋白質、脂肪，及維他命的一個重要來源。

研究也發現，即使是產後 6 到 12 個月，母乳中的長鏈多鏈非飽和脂肪酸，免疫相關因子，如免疫球蛋白的量，仍是配方奶或其他副食品所無法取代的。因此，不論是世界衛生組織或是美國小兒科醫學會都建議，在添加適當的副食品後，仍應至少持續哺育母乳到寶寶 1 歲或兩歲以上。

爲什麼哺育母乳的寶寶就還是會生病，媽媽還是有可能會得乳癌？

ANSWER：

爲什麼餵食配方奶的寶寶生病時，就不會有人怪罪是因爲喝配方奶的關係呢？

母乳是人類寶寶本來就應該有的食物，雖然研究證實母乳中含有豐富的抗體及活細胞，但是這並不代表哺乳的寶寶就不會生病；因爲疾病的成因非常多樣化，例如：寶寶本身的免疫力、所處的環境（二手菸的環境比較引起容易感染）、排行（老二會比老大容易感染）及體質等。

另一面方，雖然哺育母乳本身對母體的健康也有好處，例如：減少乳癌的機會。但是癌症的成因一樣也是多樣的，像是：家族中若有乳癌病史，得乳癌的機會就增加許多。

然而，大多數疾病的成因，是我們所無法改變的，例如：家族史、體質等；但是一個簡單餵食方式的改變，或許就可以減少危險性及嚴重性，還是值得去努力。

餵食母乳是健康保健的一部分，但是不代表其他的預防保健步驟就可以完全省略，該刷的牙、該打的預防針、媽媽本身該做的健康檢查還是不能少。

QUESTION？ **哺育母乳好像很困難也很麻煩，而且寶寶會變得很黏人？**

ANSWER：

哺育母乳是一件天經地義的事，但是就像養育寶寶一樣，它的確不是一件容易的事。

如果妳預期寶寶在出生後是吃飽睡，睡飽吃，妳仍可一覺到天亮，維持舊有生活步調，那麼我建議妳養個電子寵物或許比較實際。

寶寶不僅需要吃飽，他更需要被愛撫，被關懷。兒童心理研究發現，當嬰兒的需求被滿足得較多時，將來他們反而比較獨立。而如果

妳願意在頭幾年花一些時間陪伴妳的寶寶成長，那麼哺育母乳實際上是一個很好的選擇。當然妳必須事先做一些準備，了解怎樣才能有順利的開始，如何減少一些不必要問題的產生。

當妳餵奶餵得順的時候，那才方便呢！晚上不用起床，躺在床上，一翻身就可以餵身邊的寶寶喝奶了。出去玩的時候，不用拎著大包小包的奶粉、奶瓶，還有溫度適中的溫水；更不用擔心路上塞車，準備的糧食不夠寶寶喝。

有的媽媽會擔心公共場所餵奶很不方便，事實上，妳可以將衣服稍加修改，別人根本看不出妳在餵奶。此外，很多公共場所也有舒服的哺乳室，等著哺乳的媽媽去利用呢！

QUESTION? 聽說餵母乳會導致乳房變形、下垂，這樣不是很醜嗎？

ANSWER:

很多配偶擔心哺餵母乳會破壞媽媽的身材。事實上，乳房下垂與否主要與懷孕次數、個人的體質及年紀有關，哺餵母乳和乳房變形的關係微乎其微。有少數的媽媽在離乳後，發現乳房變小，但是在 1 至 2 年後又逐漸恢復。就像有的媽媽在生產後，如果沒有餵奶時，就發現乳房變小一樣。

英國王子妃凱特，還有日本太子妃雅子及美國著名影星黛咪摩兒、茉蒂福斯特，Olivia Wilde 都親自哺餵她們的孩子，她們的身材仍十分傲人。

哺乳的過程中乳房會較豐滿，同時可以消耗掉懷孕過程中儲存的能量。醫學研究發現，哺乳媽媽的皮下脂肪在 1 年後比未哺乳的媽媽要來得少，反而讓媽媽的身材恢復較好；同時又可以減少媽媽的疾病（乳癌、卵巢癌、骨質疏鬆症等）。

所以愛妻子的先生，更應該支持媽媽哺餵母乳。

哺乳筆記

特殊寶寶更需要喝母乳

狀況特殊的寶寶,適合喝母乳嗎?母乳是上天賜予寶
寶最完美的食物,對早產、唇顎裂、黃疸、過敏的寶
寶而言,哺餵母乳將能讓他們得到更好的防護。

早產兒，更需要母乳來補足免疫

　　雖然有關極低體重的早產兒餵食，仍有一些爭議的論點，但是所有的醫護人員都同意，母乳可提供寶寶所需的基本營養。

母乳對早產兒的好處
營養豐富、好消化、好吸收
可幫助早產兒腦部及視力的發展
減少感染的機會
減少壞死性腸炎的機會
提供媽媽參與早產兒照顧的機會

■ 哺餵早產兒常見困難

　　如果早產兒的出生週數不小、體重不輕，那麼如同足月兒一般，只要可以開始餵奶，就可以開始吸母奶了。但如果因為寶寶本身的一些疾病而必須住到新生兒加護中心時，媽媽可能就需要額外的努力及協助才能順利地哺乳。不過，妳可能還是會遇到一些困難，需要克服。

1 沒受到吸吮刺激，奶水不夠

　　奶水不夠是媽媽有心餵母乳但卻停餵最常見的原因。懷孕後，每個媽媽的體內就會開始準備，以讓她在產後可以完全餵母乳。但是由於早產兒必須住院與媽媽分開，在沒有接受嬰兒吸吮刺激的情況下，媽媽的奶水分泌可能會受到影響。

2 寶寶不吸媽媽的奶

有一些媽媽的奶水很多，但是寶寶出院返家後卻不吸媽媽的乳房，所以媽媽只得將奶水擠出裝到奶瓶餵食，使得餵奶工作增加而無法持久。

其實有時是因為寶寶吸奶的動作尚未成熟，再過一陣子後就會吸奶了。有的則是因為媽媽的乳頭和奶瓶的橡膠乳頭形狀不同且吸食方式不同，造成寶寶拒吸母乳。

3 要上班了，無法繼續哺乳

如果上班的地方未提供擠奶的空間及時間，也會增加媽媽哺餵母乳的困擾。另外，上班時的壓力與緊張，及擠奶時間的減少，也會減少奶水的分泌。

4 醫師建議不要餵母奶

很多早產兒的媽媽都有急、慢性疾病，因此，婦產科或其他內科醫師，可能會因為媽媽的疾病或正在使用的藥物，而建議媽媽不要餵乳。

媽媽可以擠乳來餵寶寶喔!

●早產兒更需要有抵抗力，媽媽可以擠初乳到保溫箱餵食。

■ 了解早產寶寶的吸吮發展，有助成功哺餵母乳

如果妳的寶寶是早產兒，妳必須更了解他的吸吮發展，才能找出適合他的餵食方式。要特別提醒妳，如果寶寶的吸吮能力仍不足時，妳可能需要適度幫助他補充營養。

1 了解早產兒正常的吸吮發展，採適當的方式餵食

哺餵特殊寶寶

PART8

🙂 小於 30 週前的寶寶當他靠近媽媽乳房時，他可能會聞、張開嘴、伸出舌頭、流口水，或舔乳頭上的奶水；或是含住一些乳房、微弱的吸吮。

🙂 30 到 32 週的寶寶除了上面的動作之外，可以含住乳房，出現一些強弱不一的吸吮，中間可能有很長的休息。

🙂 當寶寶成長到 32 週以上時，可能會有尋找乳房的反射，且會協調呼吸、吸吮及吞嚥，中間仍可能有很長的休息。他可能可以藉由乳房直接吸到部分或完全的奶水。

🙂 到了 36 週以上時，寶寶的吸吮會較協調及整合。

● 哺餵早產兒的最佳姿勢為橄欖球式或者是修正橄欖球式。

早產兒的吸吮發展及餵食方法

寶寶週數	吸吮發展變化	餵食方法
小於 30 週前	● 靠近媽媽乳房時，他可能會聞、張開嘴、伸出舌頭、流口水 ● 舔乳頭上的奶水，並含住一些乳房、微弱地吸吮	● 通常需要由鼻胃管灌食 ● 媽媽可在做袋鼠護理時把乳汁擠到乳頭上，鼓勵寶寶舔食
30 至 32 週	● 同上述的動作 ● 可含住乳房，出現一些強弱不一的吸吮，中間可能有很長的休息	● 可嘗試以杯子或是空針筒餵食 ● 以橄欖球式抱法抱寶寶，以方便直接把乳汁擠到寶寶口中
32 週至 35 週	● 可能會有尋找乳房的反射，會協調呼吸、吸吮及吞嚥，中間仍可能有很長的休息 ● 可能由乳房直接吸到部分或完全的奶水	● 可開始嘗試以橄欖球式或修正橄欖球式讓寶寶直接吸吮乳房 ● 寶寶可能只會尋找並舔舔乳頭，甚至只含住乳房但不吸吮；或是吸了 4、5 次後，停頓 2 到 4 分鐘再繼續吸吮 ● 寶寶暫停吸奶時，讓他留在乳房上，等待他再次準備好，再度吸吮 ● 不要勉強寶寶，尤其不要搖晃試圖強迫他吸 ● 可持續以管灌或是杯餵補充，直到他能夠完全有效的吸吮
36 週以上	● 寶寶的吸吮會較協調及整合	● 寶寶可能從媽媽的乳房滿足所需的營養 ● 有些仍可能需要以杯餵方式補充營養

2 讓寶寶練習吸母奶，並適度幫他補充營養

小於 30 週的寶寶通常需要由鼻胃管灌食。媽媽可在做袋鼠護理時把乳汁擠到乳頭上，鼓勵寶寶舔食乳汁。

30 到 32 週大的寶寶，可開始嘗試以杯子或是空針筒餵食。媽媽也可直接把乳汁擠到寶寶張開的口中，在這種狀況之下，以橄欖球式抱法比較方便。

約 32 週或以上的寶寶，則可以開始嘗試直接吸吮乳房了。哺餵早產兒的最佳姿勢為橄欖球式或者是修正橄欖球式。但是，許多寶寶在這個階段只會尋找並舔舔乳頭，甚至只含住乳房但不吸吮；或是吸了 4、5 次之後，停頓 2 到 4 分鐘然後再繼續吸吮。

在寶寶暫停吸奶時，不需要急著把嬰兒抱開，讓他留在乳房上，因為可能當他準備好時，又會再度吸吮。但是也不要勉強寶寶，尤其不要搖晃寶寶試圖強迫他吸奶。應持續以管灌或是杯餵的方式餵食，直到他能夠完全有效地吸吮為止。

34 到 36 週以上的寶寶有可能從媽媽的乳房滿足所需的營養，但也可能仍會需要以杯餵方式補充營養。

QUESTION?
請教醫師

寶寶常疲累地睡著，是否應堅持直接哺乳呢？

如果早產寶寶常常在吸奶後因為疲累而睡著，且體重減輕、尿量減少時，妳則可考慮：

- 暫時限制直接哺乳的時間為 20 至 30 分鐘。
- 之後再幫寶寶補充擠出的母乳或配方奶。
- 最後媽媽再將多的乳汁擠出。

▋ 哺餵早產兒，針對常見問題可採行的方案

1 及早開始且頻繁擠奶，使供需平衡

奶水的產生是一個供需原理，當寶寶無法直接吸吮時，媽媽就必須在產後體力恢復時，盡早開始擠奶以促進奶水分泌。通常的建議是：如同寶寶吸奶一樣，每 2 至 3 小時擠奶 1 次，1 天最少擠奶 100 分鐘（參考用，非絕對），使奶水的產生藉由簡單的供需原理而源源不斷地分泌。

但如果媽媽很緊張、睡眠不足、疲憊時，或是周圍的人都不支持，也會影響奶水的產生。因此，隨著寶寶病情的變動，影響媽媽的心情及奶水的量是很常見的。

此外，對於早產兒食用的母乳，醫院會要求會特別嚴格，所以媽媽在擠奶應特別注意手、容器及其他器具的清潔。擠出來的奶水如果在兩天之內不會使用到，就需要冰凍（奶水的儲存方法，請參見 P.121）。

2 善用袋鼠式照護，加強親密關係

當寶寶的病情穩定後，妳可以詢問新生兒加護中心的工作人員，寶寶是否適合做「袋鼠式照護」（請參見 P.260 圖），如果可以，一次最好能超過 30 分鐘以上。

研究發現，「袋鼠式照護」的過程中，寶寶的呼吸、心跳及體溫都可維持穩定，對寶寶的成長也會有正面的影響。如果寶寶開始有吸吮的動作時，妳就可以嘗試讓他吸妳的乳房。

3 親近寶寶，有助返家後直接轉換為母乳哺育

　　如果能在出院前和寶寶一起待在醫院 24 小時以上，妳會比較清楚寶寶的習性，有助於轉換成直接母乳哺育。在出院時採用純母乳哺育的媽媽，最可能成功轉換為直接哺乳，而且也更容易持久。

　　在出院的頭 1 至 2 個月，因為寶寶的吸吮力仍不強，可能仍需繼續擠乳。持續的擠乳可讓奶水的流速比較快，讓早產寶寶的吸奶效果較好。

● 「袋鼠式照護」可以讓媽媽和寶寶有更多的皮膚接觸，有助早產兒的成長。

到醫院前，妳可以先沖澡，以維持身體的整潔。

實行時，妳先以舒服的姿勢坐著並靠在椅背上。

穿一件前開襟的衣服，最好不要穿胸罩。

讓寶寶不穿衣服只穿尿褲躺在妳的胸前。

讓寶寶的皮膚直接貼著妳的皮膚，妳再以自己的外衣或是小毯子蓋在他的身上。

袋鼠式照護的流程圖

4　以媽媽的健康為主，選擇適合哺乳的用藥

　　當哺乳媽媽需要用藥時，應以媽媽的身體健康為第一考量，但是大多數的藥物對寶寶的影響不大，媽媽的疾病也非哺乳的禁忌。只要媽媽體力可以負荷，仍然可以哺乳。（母乳媽媽的用藥部分請參見 P.219）。

哺餵早產兒可採行的方案

→

及早開始且頻繁擠奶，使供需平衡

善用袋鼠式照護，加強親密關係

親近寶寶，有助返家後直接轉換為母乳哺育

以媽媽的健康為主，選擇適合哺乳的用藥

陳醫師貼心叮嚀

尋求支援團體，學習照顧早產兒

　　當寶寶是早產兒時，對父母而言是一個很大的挑戰及壓力，建議盡可能參與各家醫院的父母座談會，找機會和有相同經驗的父母討論。

　　早產兒基金會（編按：台灣讀者請洽詢居家護理專線 ：02-2523-0908，可提供早產兒照顧及母乳哺育等相關資料供參考。）

　　就算妳不能完全哺育母乳，經由部分的母乳哺育及其他參與早產兒照顧的方式，妳仍然可以作一個稱職的早產兒媽媽。

POINT 2　唇顎裂寶寶，喝母乳可降低寶寶感染機率

對於唇顎裂寶寶，母乳哺育可以減少他們得到中耳炎的機會。另外，唇顎裂的寶寶在吸奶的過程中奶水很容易由鼻腔溢出，造成刺激及不舒服。喝母奶，對鼻腔的刺激會較少，因此更應該盡可能地哺乳。

■ 有效哺餵唇顎裂寶寶的方案

在吸奶的過程中，寶寶是用他的上、下齒齦及舌頭含住媽媽的乳房，再用舌頭將乳房往上顎頂，藉由舌頭的蠕動將奶水吸出來。因此，如果只是唇裂，一般媽媽仍然可以順利地哺乳。但是如果有顎裂，就會增加吸奶的困難度。妳可以採用下列的方法來幫寶寶吸母乳。

●直立的坐姿適合唇顎裂
　寶寶吸奶。

1 使用上顎阻隔器（obturator）

牙科醫師可以針對寶寶上顎的大小製作一個上顎阻隔器（類似塑膠模板），蓋住寶寶的上顎缺口，增加寶寶吸吮的有效性。

2 採直立姿勢餵奶

托著寶寶的頭，讓他面對著妳，坐在妳的大腿上吸奶，直立的姿勢可以減少奶水回到鼻腔。（請見左圖）

3 使用哺乳輔助器

如果寶寶的吸力仍然不夠，可使用哺乳輔助器。請詢問寶寶的醫生及醫療工作人員。

4 擠出奶水，使用特別的奶瓶餵食

如果寶寶不會吸吮，也可以擠出奶水，再使用特別的奶瓶餵食。請詢問寶寶的醫生及醫療工作人員。

陳醫師貼心叮嚀

哺餵唇顎裂寶寶，妳需要更有耐心

餵食唇顎裂寶寶困難度的確比餵正常的寶寶來得大，然而，如果妳了解母乳對唇顎裂寶寶的重要性時，還是值得去努力及嘗試。再次強調，即使只有擠出一些母奶再用奶瓶餵食，也比完全餵食配方奶好。

POINT
3

黃疸寶寶，大部分仍可以喝母乳

　　黃疸寶寶可以喝母乳嗎？考慮到母乳給寶寶的好處，遠超過使寶寶黃疸、不好看的壞處，根據美國兒科醫學會提出的最新建議，停餵母乳通常是不需要的。

■ 黃疸，須由專業人員來判斷成因及對應方式

　　黃疸是嬰兒時期常見的現象，可分為：生理性和病理性的黃疸。雖然愈來愈多的醫學研究發現，對一個健康、沒有溶血情形的足月寶寶而言，並不會有太多的影響，但仍建議須請專業人員來判斷成因。

寶寶黃疸時，應先區分是生理性或病理性

　　生理性黃疸多半在出生後第 3 天時開始出現，並在第 4 天及第 5 天大時達到最高峰，之後逐斷慢慢減退，約 1 到 2 週大時，才會完全消退。

區別生理性和病理性的黃疸	
生理性黃疸	● 多半在出生第 3 天時開始出現。 ● 至第 4 天及第 5 天大時達到最高峰。 ● 之後逐斷慢慢減退，待寶寶 1 到 2 週大時才完全消退。
病理性黃疸	● 出生第 1、2 天就有很明顯的黃疸。 ● 在高峰時的膽紅素值過高。 ● 喝配方奶但黃疸仍持續超過 2 至 3 週或直接型的膽紅素過高。

PART8 哺餵特殊寶寶

　　一般而言，若為東方人，且出生後體重減輕比較多，或因頭血瘤、生產擠壓而有局部瘀青的寶寶，及哺餵母奶的寶寶，他們的生理性黃疸有可能會比較明顯並且比較持續久。

　　至於出生第 1、2 天就有很明顯的黃疸，且在高峰時的膽紅素值過高、喝配方奶但黃疸仍持續超過 2 至 3 週、或是直接型的膽紅素過高，就有可能為病理性黃疸。此外，母子血型不合、蠶豆症、敗血症、甲狀腺功能不全，新生兒肝炎及膽道閉鎖等，都是比較常見的病因。

早產或特殊寶寶，需特別留意膽紅素值

　　一般醫護人員及家長會擔心的是：如果膽紅素的值過高，有可能會造成腦部的傷害，也就是所謂的核黃疸。但是愈來愈多的醫學研究發現，對一個健康、沒有溶血情形的足月寶寶，膽紅素的值在 23 到 25mg ／ dl 之下是很安全的。

　　不過，如果寶寶是早產，或是有敗血症、酸血症等情形時，同樣的膽紅素值可能危險性就較高。因此，黃疸雖然只是一個現象，但是提醒妳，還是必須請專業人員來判斷它的成因。

●如果是早產寶寶，爸媽
需特別留意膽紅素值。

■ 及早、多次哺餵母乳，有助預防早發性黃疸

一般而言，在哺育母乳期，寶寶產生的黃疸有兩種可能：一為早發性，一為晚發性。早發性的黃疸，除了高峰期的膽紅素較高外，與生理性黃疸很難區分。

初乳具輕瀉作用，可加速膽紅素排出

造成的原因大多是：哺餵次數太少，或者是寶寶的含乳姿勢不正確，沒有吸到足夠的奶水，導致寶寶的排便次數減少，使得體重減輕也比較多。對於黃疸已有文獻報告確定，餵奶次數較多的嬰兒比較不容易有黃疸。

根據研究發現，出生後每天餵食母乳 8 至 12 次以上的寶寶，比每天餵食母乳 6 次以下的寶寶較少黃疸。因為造成新生兒黃疸的膽紅素有 98%會經由腸道排出。

因初乳有輕瀉作用，正好可以加速膽紅素的排出，所以出生後愈早、愈多次的母乳哺育（須確定寶寶有吃到奶水）是預防發生早發性黃疸的最好方法。

黃疸影響寶寶活力時即應就醫診治

因此我們建議，一旦寶寶已有黃疸產生時，更要勤餵母奶，以減少膽紅素值的增加。同時，要注意寶寶的精神、活力及吸奶力氣，如果寶寶的活力不好、吸奶力氣不佳，尿量或大便次數都很少時，應該立刻帶給兒科醫師診治。

必要時需要額外補充奶水，以媽媽擠出來的母乳為第一優先，其次是因母乳庫的母乳（如果拿得到時），然後才是嬰兒配方奶。

■母乳中的特別成分可能引發晚發性黃疸

如果在妳帶寶寶回家後，約 10 到 14 天時發現，寶寶的皮膚仍然黃黃的，就有可能是晚發性黃疸。通常只要有哺餵母奶都會有這一種現象，造成的原因是與母奶中一種特別的成分有關。

晚發性黃疸嚴重時，可考慮驗膽紅素值

此時妳的奶水量通常已經比較足夠了，小孩的排便次數、體重增加也很正常；但寶寶皮膚泛黃的情形仍維持至他 1 個半月至 2 個月大（也有可持續到 3 個月大）時才完全消退。

一般而言，晚發性黃疸的嚴重程度有一定的順序：

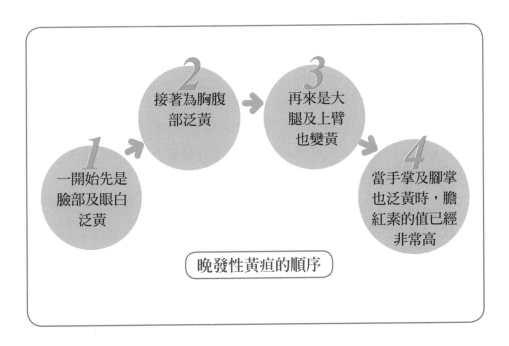

1 一開始先是臉部及眼白泛黃

2 接著為胸腹部泛黃

3 再來是大腿及上臂也變黃

4 當手掌及腳掌也泛黃時，膽紅素的值已經非常高

晚發性黃疸的順序

如果寶寶的黃疸到 30 天後還不退者，應由兒科醫師診治，並抽血檢驗直接膽色素及總膽色素。如果直接型膽紅素值不高時，可能就是因為母乳所引起的。

膽紅素值下降後，仍可繼續餵母乳

　　當膽紅素值達 17 至 19mg ／ dl 以上時，有些醫師會建議媽媽暫停哺餵 1、 2 天（此種作法並非絕對必要），此時媽媽一定要持續擠奶。待膽紅素值下降後（在 17mg/dl 以下），妳就可放心地繼續哺育母乳。

　　目前，可能仍會有一些醫護人員在寶寶黃疸時，會建議妳停止哺育母乳，但黃疸只是一種現象，通常妳不需要停餵母乳，因此，妳可以和他們討論是否有其他的選擇方案，或是多請教一位專業的小兒科醫師。

QUESTION?
請教醫師

黃疸時必須停餵母乳嗎？

　　考慮到母乳給寶寶的好處，遠超過使寶寶黃疸、不好看的壞處。美國兒科醫學會也提出最新的建議，停餵母乳通常是不需要的。但妳需要注意，如果寶寶有下列情形出現或是妳無法判定時，一定要請醫師診治。

　　💧臉色變白。
　　💧皮膚泛銅黃色。
　　💧大便顏色變白。
　　💧活力、吸吮力變差。

　　而當寶寶是其他疾病引起黃疸時，需治療其他的疾病，但大多無須停餵母乳。

過敏寶寶，喝母乳可有效減緩

POINT 4

雖然哺乳對於過敏性疾病的影響仍有一些爭議，但單就母乳所提供的完整營養，對嬰兒免疫上、腸道上及心理上的好處，目前仍鼓勵純哺育母乳至少 6 個月，並在添加副食品後持續哺乳。

■ 環境及飲食的改變導致過敏兒增加

近二十年來，國內外兒童過敏的發生率都有增加的趨勢，環境、過度乾淨的措施及飲食習慣改變等因素都是可能的原因。

家族史是最主要原因

過敏的產生有多重危險因子，家族過敏史是最主要的因子。若父母當中有一人具有過敏體質，則生下來的小孩有約 1 / 3 會有過敏病的可能；假如父母雙方皆有過敏，那麼生下來的小孩子得到過敏病的機會就會增加為 2 / 3。

清潔過度導致新生兒無法接觸正常菌種

「清潔過度」的假說（ hygiene hypothesis）認為，在出生頭一年中適度的接觸某些微生物，其實是可以預防過敏的產生。

讓新生兒接觸一些正常的菌種，尤其當這些菌種是來自媽媽，則可促進嬰兒皮膚、胃腸道及其他黏膜表面正常菌種的生長，除了可以抑制有害細菌的孳生外，也可協助嬰兒自體免疫系統的發展，對抗感染，同時減少其對於食物及其他可能過敏原的過度反應。因此，出生後盡快讓嬰兒和媽媽有直接皮膚對皮膚的接觸，可以幫助嬰兒盡早接觸正常菌種。

生產過程中不必要的過度清潔，如媽媽會陰部的剃毛、灌腸，反而可能減少嬰兒出生過程中接觸正常菌種的機會。剖腹產則會干擾到嬰兒接觸正常菌種的過程，研究也發現，剖腹產可能增加過敏的機會。

接觸環境中的過敏原，如二手菸、塵蟎

環境因素也是可能的原因，例如：接觸環境中的二手菸、塵蟎或是早產兒、沒有哺育母乳等則是其他常見的危險因子。

■ 母乳，有助調節寶寶體內的免疫反應

PART 8
哺餵特殊寶寶

雖然哺乳對於過敏性疾病的影響仍有一些爭議，但目前多數的證據仍傾向於支持哺乳對過敏的保護效果。

母乳具有多種免疫調節及保護特性

母乳中含有多種免疫調節及保護特性，包括免疫球蛋白（尤其是免疫球蛋白 A）、寡糖、營養素中的脂肪及抗氧化劑、核甘酸、乳鐵及其他生物活性物質（如各種荷爾蒙、生長因子及細胞激素）。這些因子可以保護嬰幼兒免於感染，同時調節體內的免疫反應，減少不必要的發炎作用，而減少嬰幼兒的急、慢性疾病。

食物中的一些過敏原如 β-lactoglobulin（乳球蛋白）、Ovalbumin、Gliadin 等仍可能藉由媽媽攝取的食物進入母乳中，雖然有可能引起發炎反應，但是母乳中的這些過敏原伴隨著母乳中一些特別的抗體及其他未知的因子，往往是讓嬰兒產生耐受性，而不會產生過敏。

喝母乳可以減緩寶寶過敏的程度嗎？

　　如果爸爸媽媽本身有過敏體質，或者是家裡已經有一位過敏兒，想藉著完全哺育母乳來減輕這一個寶寶過敏的機會及嚴重程度，那麼建議媽媽盡量不喝牛奶，並減少奶製品的攝取，甚至連一些比較容易引起過敏的食物也應減少攝取，且在寶寶 4-6 個月以上，才可添加副食品（請參照 P.148）。

證據傾向支持哺乳對過敏有保護效果

　　2 系統性整合多篇研究目前的結果發現，懷孕或者是哺乳時媽媽限制某些特定食物的攝取對於孩子過敏性疾病的長期預後並沒有預防的效果。

　　至於有關於母乳哺育對氣喘及過敏產生之影響的世代研究非常多，但是結果並不完全一致，其中一個重要的原因是因為研究的條件並不適當。

　　例如：所謂的母乳哺育究竟是完全只喝母乳，或者是混合大量的其他食物。此外，雖然寶寶返家後是完全餵母乳，但是在出生頭幾天中是否被餵過其他人工奶水，也可能是影響的因素。

　　另外，不同國家中觀察到的結果不一樣。有學者認為，可能和媽媽攝取的非飽和脂肪酸，尤其是 omega6 及 omega3 長鏈多鏈非飽和脂肪酸的比例有關係。在動物實驗上發現，媽媽食物 omega6 / omega3 脂肪酸比例較低者，可能可以減少幼兒過敏的機會。

▌過敏寶寶常見的身體表現

通常在哺乳嬰兒期最常見的表現是：異位性皮膚炎、血便及胃腸不舒服，如腹絞痛。

異位性皮膚炎、腹絞痛，按醫師指示處理

通常在較小的嬰幼兒身上較常出現的是異位性皮膚炎，然而，必須注意的是，嬰兒期皮膚上本來就有一些常見的疹子，例如：汗疹、脂漏性皮膚炎等，會隨著嬰兒的成長在 5 至 6 個月大之前自然消退，並非過敏引起的皮膚疾病。

異位性皮膚炎的皮膚保養，應按照醫師的指示，採用適當地保濕措施及必要的藥物處理。另外，引起嬰兒腹絞痛的原因非常多，過敏只是其中的一小部分，所以必須讓兒科醫師看過才能確定診斷。

血便、胃腸不舒服：確定原因，積極處理

至於寶寶大便帶血，則有下列幾種可能：

WHY? 單純的肛門裂傷

ANSWER：**用水沖洗**

一種是單純的肛門裂傷，通常在寶寶解完大便後，用水沖洗肛門即可促進傷口癒合。

WHY? 急性腸胃炎

ANSWER：**持續哺乳**

急性腸胃炎也可能造成寶寶血便，且常合併有大便味道惡臭、黏液增加。通常，持續哺乳可促進腸粘膜的恢復。

WHY? 只喝前奶造成的腹脹、血便

ANSWER：**修正含乳姿勢**

如果寶寶含奶姿勢不正確，沒有認真地吸吮，或者是媽媽在寶寶還未吸完一邊的乳房就急著換另一邊時，也可能使寶寶只吸到乳糖含量較多的前奶，而造成寶寶腹脹，解綠色大便，且可能使大便帶血。此時可能要修正寶寶的含乳姿勢，確定寶寶有認真慢而深地將奶水吸出，必要時加上擠壓乳房，讓寶寶把一邊乳房的奶水吃完後再換另一邊，通常腹脹及血便的狀況就會改善。

WHY? 媽媽吃入致敏食物導致寶寶腸道發炎

ANSWER：**改變媽媽飲食**

有少數狀況是因為媽媽進食牛奶或其他含過敏原的食物，像是：牛奶中的蛋白質，並經由母乳讓寶寶喝下，而造成寶寶腸道發炎並產生血便。

此時媽媽的飲食就需要做改變，必要時可考慮服用胰臟酵素可能可以改善寶寶的症狀。

●如果媽媽進食了牛奶等含過敏原的食物，也可能使寶寶便出血便。

■ 改善媽媽飲食，有助防治寶寶過敏

寶寶過敏的症狀，不一定是媽媽的食物所造成的，但是如果寶寶的症狀明顯時，可以考慮做些飲食限制，再觀察看看是否有改善。

母乳媽媽飲食與寶寶過敏的相關性

一般比較容易造成過敏的飲食首推牛奶及奶製品，其次為豆、麥、蛋及花生。另外，要考慮的食物可能包括：

🙂 任何家中其他成員吃了會過敏的食物。

🙂 如果寶寶是最近才有的症狀，那麼要考慮媽媽最近吃的新食物。

🙂 媽媽最近吃很多的食物。

🙂 媽媽本身不喜歡吃，但是為了哺乳才吃的食物。

🙂 媽媽心情不好才會很想吃的食物。

必要時，媽媽可能需要記錄自己飲食內容一段時間，並和寶寶的症狀做配合，找出可能的影響食物。

媽媽的作法	寶寶的反應
停吃該種食物後寶寶症狀改善，但隔一段時間再吃該種食物時，寶寶又出現相同的症狀	停吃該種食物超過 1 個月，寶寶的症狀仍無改善
↓	↓
確定寶寶是對媽媽進食的食物產生過敏反應	可能就和此種食物無關，可以吃，同時再試第二種食物

確認寶寶對食物過敏的方法

當寶寶過敏時，媽媽的飲食改善法

如果寶寶的症狀不明顯，有時不一定要完全停止該種食物，媽媽可能只須減少攝取量就會有幫助。另外，也有人建議媽媽的食物可以多種輪流食用，以減少過敏的產生。但當寶寶出現過敏症狀時，妳可以嘗試：

如果第一次吃該種食物就引起寶寶的過敏反應，通常在停掉該種食物 24 小時後，寶寶的症狀就會改善。

如為平常就在吃的食物，那麼暫停該種食物 2 到 3 週後，寶寶症狀才會明顯改善。

如症狀改善，且隔一段時間再進食該種食物時，寶寶又出現相同的症狀，那麼就比較能確定寶寶是對進食的該種食物產生過敏反應。

如寶寶當初的過敏症狀很嚴重，建議隔久一點再嘗試該種食物較好。

通常建議 1 次只停吃一種食物。如果一種食物停吃超過 1 個月後，寶寶的症狀仍無改善，那麼可能就和此種食物無關，可以再吃，同時再試第二種食物。如果需要 1 次停止多種食物攝取時，需要注意妳的營養時否完整，必要時可添加維他命或鈣片。

奶製品的部分要特別注意不只是鮮奶，有一些加工食品中也含有奶，需要注意食物的成分。

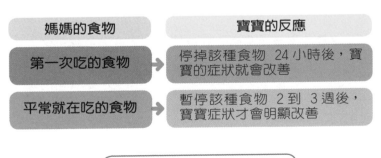

媽媽的食物	寶寶的反應
第一次吃的食物	停掉該種食物 24 小時後，寶寶的症狀就會改善
平常就在吃的食物	暫停該種食物 2 到 3 週後，寶寶症狀才會明顯改善

寶寶反應改善的速度

■ 預防寶寶過敏的居家環境及飲食建議

根據現有的實證基礎，對於預防過敏這一部分，目前的建議是：

媽媽及寶寶飲食方面的建議

- 媽媽懷孕時並不需要特別限制飲食。
- 出生後讓媽媽和寶寶有即刻的肌膚接觸，並在寶寶有想吸奶的表現時就開始哺乳。
- 媽媽哺乳時並不需要特別限制飲食。
- 純哺餵母乳 4～6 個月。（有關此時間請參考副食品一節）
- 副食品的添加不要早於 4～6 個月。
- 避免高劑量食用單一食品，例如：牛奶或雞蛋。

小提醒！

1 歲之前不要讓寶寶食用蛋白或牛奶，兩歲之前避免花生、堅果及帶殼的海鮮。雖然這是非常常見的建議，但是目前沒有證據證實確切有效，但是至少沒什麼壞處。

環境方面的建議

- 應避免抽菸，寶寶出生後應避免接觸二手菸。

小提醒！

減少環境家塵及塵蟎是否能預防過敏仍未有確切定論。家中如果已經有養寵物者不需要為了預防過敏而移除。

確定寶寶過敏時的建議

當已經確定是過敏兒時，家中家塵及塵蟎的防治就為必要。

不要使用草蓆、棉絮、羽毛等易過敏材料製品。

不要飼養狗、貓、鳥類等寵物。

維持居家環境濕度在 50 至 65％間，對於抑制黴菌繁殖也有幫助。

●環境的改善，如避免二手菸、
　不要飼養寵物等，有助於寶寶
　過敏的發生。

如何讓哺乳寶寶享受到純哺乳的好處

　　世界衛生組織、美國小兒科醫學會都建議純母乳哺育 6 個月 (台灣兒科醫學會則是建議 4 到 6 個月)，之後添加適當的副食品，可以持續哺乳到 1 到 2 歲或者以上。

　　然而隨著哺乳率的增加，兒科醫師卻看到一些問題，如新生兒黃疸，新生兒脫水或者 1 ～ 2 個月後體重增加不良，及 6 個月之後的缺鐵性貧血等。故上述嬰兒餵食的建議需有以下前提：

　　足月健康的嬰兒。

　　嬰兒喝到足夠的母乳。

　　嬰兒本身鐵的存積量足夠。

　　適時添加富含鐵的副食品。

　　嬰兒接受適當的日照，母親本身維生素 D 充足。

■ 嬰兒餵食前提的相關的配套措施

　　要能有上述的前提，需要有相關的配套措施配合：

1 足月健康的嬰兒

　　早產兒仍是以母乳哺育為其最佳的營養主要來源，但是本身鐵存積量不足，需提早添加鐵。如果出生週數小且體重小 (如小於 1500 公克)，可能需要額外補充鈣磷等營養素 (使用母乳營養添加劑 human milk fortifier)

2 嬰兒喝到足夠的母乳

☐ 需要完整的民眾教育，不僅是孕產婦，所有的民眾包括家人以及雇主都知道哺乳的必要性，以及如何讓嬰兒喝到足夠的母乳。母親需要知道如何判斷嬰兒有吃到足夠奶水，以及何時該求助。

☐ 需要支持、鼓勵且正確協助家庭哺乳的醫療措施，讓母親可以更順利的哺餵嬰兒母乳。工作人員應該受過完整的嬰兒餵食訓練(根據世界衛生組織以及聯合國兒童基金會的建議，相關人員應該接受至少 20 小時的課程，包括 3 小時的臨床實習)，才能有足夠的能力以及技巧協助新生兒家庭做出最好的餵食選擇以及正確的執行，如此才能預防嬰兒因為沒有吃到母親的奶水所造成的問題。產婦在生產過程中應該得到充分的支持以及協助（如溫柔生產的相關措施），在生產後才有體力可以開始順利的哺乳。而這些同時都需要有充分的醫療團隊人力，在目前的健保制度下是十分不足的。

☐ 需要社區中的支持系統，包括哺乳支持團體、基層兒科診所、坐月子中心，以及國際認證泌乳顧問等，可以提供母親哺乳實際的幫助，在發現哺乳問題早期徵兆時，可以即刻的協助（例如修正哺乳的姿勢、增加哺乳的頻率等），讓嬰兒真正喝到奶水；並且在有醫療需求時，可以正確使用適當的添加物。社區中的公共場所以及職場對於哺乳家庭的支持，更是哺乳是否能持續的重要因素。

3 嬰兒本身鐵的存積量足夠

缺鐵性貧血是嬰兒出生 6 個月之後最常見的貧血原因。寶寶出生後，母乳中的鐵，足以提供正常出生體重且產前鐵存積量的足月兒所需至 5 到 6 個月左右。早產兒、低體重兒、產前鐵儲積量不足（母親在懷孕過程中有貧血或失血者）的寶寶，發生缺鐵性貧血的風險較高，需要提早額外補充鐵，開始補充的時間因人而異（極度早產的嬰兒甚至在出生 1 到 2 個月大時可能就需開始補充）。出生後延遲減臍帶的時間，可減少日後缺鐵性貧血機會。

4 適時添加富含鐵的副食品

目前美國兒科醫學會，世界衛生組織以及國民健康局建議副食品應該在 6 個月左右添加，台灣兒科醫學會以及歐洲兒童腸胃營養學會則建議 4 到 6 個月。大家公認嬰兒個別的發展差異性很大，比較確定的是早於四個月沒什麼好處，同時可能增加感染以及過敏甚至可能增加肥胖的風險。重要的是把握住嬰兒所表現出想要吃副食品的表徵（寶寶看大人吃其他食物時很有興趣，且會伸手來抓、抓了放嘴巴，同時頸部挺了，可以扶持維持坐姿且咀嚼時頭不會晃動，以湯匙餵食食物時，舌頭不會一直將食物頂出等）。

副食品的種類如果只有穀類、水果、蔬菜以及小魚，其鐵的含量低，對於預防缺鐵性貧血沒有幫助。如果在嬰兒需要之前就開始使用這些副食品，反而可能會取代嬰兒飲食中的母乳而減少鐵的攝取量。食物中的鐵，主要存於紅色的肉類、芝麻、紫菜、紅豆、蠶豆、豬肝、牡蠣、魚類等，乾果也是鐵的來源之一，目前市售嬰兒米麥粉也有添加鐵。母親補充鐵對於母乳中鐵的含量影響不大。含鐵副食品攝取量不夠的哺乳嬰兒，需要額外補充鐵。

5 接受適當的日照，母親不缺維生素 D

餵母乳嬰兒維生素 D 的自然來源主要是胎兒時期的儲存 (母親本身缺乏維生素 D，則胎兒儲存量就低)，以及皮膚曝曬陽光後製造的維生素 D，僅有少部分來自人類乳汁。如果母親本身的維生素 D 含量足夠，而且嬰兒有接受適當的日曬的話，會有維生素 D 缺乏的機會很少。但是如果嬰兒的母親膚色較深，且居住在高緯度，日照不足，母親和嬰兒都穿著很多衣物而很少接觸到日曬，母親大多在室內活動或者使用防曬乳液，或者母親肥胖 (BMI >30)，則嬰兒維生素 D 缺乏的機會增加。

多少的日照才足夠依一些因素而定，例如：膚色，居住緯度，皮膚照射程度，季節，每天的時間，污染的程度，防曬乳液使用的程度，海拔高度，天氣，哺乳母親體內的維生素 D 量和嬰兒體內維生素 D 的存積量。因此這方面的建議應該考慮當地的狀況及實際做法而有所不同。有研究認為小於 6 個月純餵母乳的高加索嬰兒（在北緯 39 度的俄亥俄州辛西納提）只穿尿褲，每週日曬 30 分鐘；或是穿上衣服不戴帽子，1 個星期日曬兩小時就可達到足夠的維生素 D 含量狀態。

台灣地區緯度較靠近赤道，日照程度遠大過上述研究進行的地區，如果母親本身沒有維生素 D 缺乏且嬰兒有接受適當日照的話，理論上維生素 D 缺乏的機會是相對比較少的。但是不可否認的，由於生活型態的改變，室內活動增加，撐傘、塗防曬油及穿長袖衣物避免日曬的習慣等，都有可能使得孕婦以及哺乳媽媽本身的維生素 D 缺乏，而減少了嬰兒體內維生素 D 的存積量；若又無適當的日曬，的確會增加嬰兒維生素 D 缺乏的機會。因此孕婦及哺乳媽媽本身維生素 D 的補充，以及媽媽和寶寶適當的日曬可以避免嬰兒產生維他命 D 缺乏。

目前台灣兒科醫學會建議哺乳嬰兒以及喝配方奶但 1 天喝不到 1 公升的寶寶在出生後就開始補充維生素 D。目前其它地處緯度較低的國家還未有全面補充維生素 D 的建議，可能還是要依著孕婦以及哺乳媽媽本身的生活習慣以及個別狀況而定。

陳醫師貼心叮嚀

足月健康的寶寶在頭一個月何時可能需補充母乳之外的食物

儘早的肌膚接觸，寶寶想吃時就餵奶，確定寶寶有認真地吸吮，通常足月健康寶寶純喝母乳就夠了。不需使用奶瓶或奶嘴，或葡萄糖水及配方奶，以免干擾媽媽奶水的分泌，以及寶寶吸吮乳房的意願等。但是，在有下列狀況出現時（參考第 181 頁），請盡快找有經驗的醫護人員或國際認證泌乳顧問協助。

☐ 寶寶含著乳房就睡著，抱開沒多久就哭（可能是沒有吃到奶水）。

☐ 在頭幾週12 個小時內都沒有大便（ 3 週大以上後可能大便次數變少，可以 10 到 14 天才解一次大便）。

☐ 在 3 天大之後尿尿次數仍不多。

如果有下列狀況時，更請儘快就醫。

☐ 寶寶只有非常快速淺淺地吸吮，像在吸安撫奶嘴。

☐ 寶寶含著乳房就睡著，沒有喝奶，而且不會醒來。

☐ 在 5 天大之後，仍只有深綠或黑色的大便排出。

☐ 住院中體重減輕超過8～10%，或者出院後體重增加不良（參考第 182 ～ 184 頁）。

專業人員可以協助判斷問題所在，並協助持續哺乳。但是在這一段過程中，會需要額外補充奶水。第一優先是媽媽擠出來的母乳，或者是母乳庫的捐贈奶。其次才是嬰兒配方奶。國際母乳哺育醫師學會建議在這個狀況下，因為不確定寶寶本身是否有過敏體質，考慮使用水解蛋白配方奶。

PART8
哺餵特殊寶寶

PART

9

餵母乳媽媽的成功經驗分享

在不同文化背景洗禮下的母乳媽媽,提供第一手資訊,為新手家庭打氣加油!讓妳更有信心堅持哺餵母乳。

全家支持，是成功哺育母乳的關鍵！

■ 分享者：賴慧滿

（資深幼教專家，著有《嬰幼兒撫觸與按摩》新手父母出版等書。）

在我的生命裡，有九年半的日子，都在乳兒的日子裡度過，這是孩子記憶中最甜美的日子。我們一家人，只要談到有關「奶奶」的話題，心裡都會變得很甜蜜！有一回，在我們全家返鄉回宜蘭的北宜公路上，兒子說：「媽，這山只要再加個凸出的東西，就很像大地的『奶奶』。」女兒爭著要看清楚：「哇！好像喔！」我和外子相視而笑。在我們的家裡，最珍貴的就是像這樣的親子深情。

我記得，在美國嬰幼兒學校工作的日子，在下班後，兒子會立刻來找我吃奶。莎拉的媽媽（是一位會計師），也會在到學校之後，立刻抱起寶寶來餵奶。我們總是坐在又軟又舒服的沙發上，很享受的看著綠色草原，喝著花草茶，抱著自己的寶貝，餵著奶，聊聊生活和孩子。我們都很珍惜這樣的生命時光，彼此可以感受到對方的愛與支持。同時，也可以感受到學校的貼心安排，有這樣舒適又溫暖的空間，讓我們能放鬆心情來餵奶。

在美國求學與工作的期間，我生了老大，周圍盡是餵母乳的媽媽。生活中的朋友，從小兒科醫生、助產士，甚至是市政府的婦嬰社服中心（Woman & Infant Center，簡稱 W.I.C.）的營養師，都一再的告訴我，餵寶寶母乳，是正確的決定。

我還記得，有一位當時年紀已過七十歲的老朋友，她分享自己對母乳的體會，她說：「這是我一生中，了無遺憾的抉擇。」「當年我堅持餵母乳，周圍沒有一個媽媽和我一樣哺育母乳，但是我選擇餵母乳。」

「我的兒子現在六十歲了，我們一樣很貼心，就像他仍在我懷裡一般的貼心！一定要相信自己所做的決定。堅持餵孩子母乳，是當媽媽最棒的一件事！」

當時，我看著她完全陶醉的神情，彷彿她的心底藏著一個發亮的珍寶。這樣的一幕，這一席話，總在我最難熬的時刻，成為內心深處最深的聲音。

先人的傳承

回來台灣以後，我的周圍沒有媽媽餵母乳，那時兒子已經三歲，還吃著奶，總是成了眾人談論的話題。還好，我們都不在意外人的想法。不過，我想兒子一定承受不少的社會壓力，但是，他還挺堅持的！我們喜歡去母乳會的聚會，因為那裡有寶寶吃母乳，總會讓他放鬆些。

搬到新竹來，有了老二，我們也有餵母乳的媽媽為鄰，互相都很支持對方。若有媽媽想餵母乳，我們總是開心的支持她，希望她也能餵母乳成功。這幾年來，有許多媽媽在我的協助下，成功的哺餵母乳。但是，中途變卦的也不少！

這兩種媽媽的最大差異，不是媽媽的意願，而是有沒有得到支持——先生、家人和朋友們的支持。我指的支持是那種「用行動來表示」的支持。比如說，先生可以分擔家務，好讓媽媽可以專心哺乳。太太可以先吃飯，先生負責照顧其他的孩子用餐。還有，就是當旁人一再告訴媽媽說，「餵母乳？妳的乳房會變形啦！」「母乳沒營養啦！」「這麼大了，還在餵奶？」，這時會有一個超人爸爸出現，露出堅持的微笑，告訴這些「善心人士」——請放心。

當這些有力的支持做後盾時，媽媽更能堅持到底，餵乳成功。所以，周遭親人好友的支持，對餵母乳的媽媽來說，是很重要的。母乳哺育小寶寶，絕對不是媽媽一個人的事，是一個家庭和一個家族的事。千萬馬虎不得呀！我家先生，由於在美國，常和一堆乳爸交往，總看到爸爸是如何照顧媽媽和小寶寶的生活種種，我們也就沿用相同於美國朋友的互動模式。老公的支持和鼓勵，都可以讓餵母乳的媽媽重拾信心。

回台灣後，早先我們雙方的家人總是不能理解，為什麼我的先生總是寵我，讓我先吃飯。等到外子解釋後，家人也開始以同樣的方式來支持我。

一直到現在，我的心底，還是深深的感謝，所有家人的支持。當然，更包括了小孩們的九十餘歲的曾祖母，她總是鼓勵我小孩一定要餵到「會走、會跑」的時候，這可是「先人」的實際傳承哦！

這樣看來，好像我是很幸福的。不過，我也曾面臨許多在餵奶上的困境。尤其是回到台灣以後，餵母乳的這件事，總是不易得到社會的支持。好像這是一個聽來美好的理想，卻是完全不可能實現的夢。好像一個媽媽想要餵母乳，是一種奢望，要付出「足夠的代價」，用「足夠的悲情」來交換。

因為，沒有夠多的成人，認為「餵母乳的媽媽，值得得到支持和鼓勵」。好像媽媽要餵孩子母乳，是天字第一號的傻瓜！也許有人會說，有這麼偏激嗎？是的，當您也遇到相同的事，您就會理解當事人的感受！

我在懷老二時，在一家幼稚園裡工作，言明產後要哺乳。幼稚園的創辦人原本很支持，我也對哺乳的時間做了安排。我將休息時間間隔開來，以便跑到隔壁保母家餵奶。這也都是老闆首肯之後，我才會做的事。有一回，我忙過頭了，寶寶餓了哭了，保母把小孩抱來，我餵了她五分鐘的奶。就這樣的五分鐘！據說，後來有幾位家長去向創辦人抗議：「我們付學費就是幼稚園的老闆，怎麼可以讓老師在學校抱自己的孩子！」為了排除這些家長的怒氣，當時有位學有專精的幼教人士，建議我再也別讓我的嬰兒進幼稚園的大門！我當時真是傻眼了！

形成一個支援系統

　　我不能理解，一位能撰文向大眾提醒支持童權、高學歷的幼教專業人員，會對我做出這樣的建議！當我將這樣的情形告訴一位師範大學的女教授，她也告訴我，「妳走的路叫自尋死路！這樣會害妳沒有工作的！」我的內心有很深的交戰，很深的痛，也有很深的錯愕！但是我很懦弱，我妥協了！我只有將奶水擠在奶瓶裡，讓保母餵她奶。

　　連中午的時間，我也來去匆匆的看著女兒，像作賊一樣！在學校附近，下班的時候，還要避開家長，才去抱孩子回家。我的工作很累，很辛苦！我常在夜裡淌著淚水，我不知道，這樣的日子，我可以過多久！後來，我的孩子燙傷，我請了十天的假，在家照顧孩子。同事說：「喪假只請七天，妳家孩子受傷還要請十天，未免請太多天了吧！」就這樣，我只好作出一個讓自己開心的決定，就是 **選擇回家帶孩子！**

　　在這之後，我也會遇到想要餵寶寶母乳的媽媽，不過，她們都比我了解台灣社會中，女人的工作環境。她們都知道，餵母乳是奢望！「我是店員，想要餵怎麼可能，老闆就不會雇用我了！」是的，對大部分的媽媽來說，她們總是在一開始，就已經決定放棄！這樣的奮鬥，一點都不值得的！

　　我也看到一些媽媽，她完全都沒有想到要餵母乳，卻因為跑到歐洲或美國去生孩子的關係，而餵成母乳。她們說：「在那邊，大家都餵奶嘛！醫院都是這樣鼓勵產婦的！」可是回到台灣，第二胎在台灣生下來的，又吃人工奶了！因為醫院不支持，她也沒有辦法！這幾年下來，我經常在想，要到什麼時候，台灣人才會認真來看待母乳哺育與嬰兒的人權？母乳哺育和下一代的健康有什麼關係？好像，這是一件永遠也不會被大眾關心的事！

許多的媽媽選擇，對這樣的台灣社會妥協。也有許多的媽媽，選擇為自己和孩子站出立場，除了讓自己餵成母乳，也協助身旁的媽媽，餵成母乳。我從一位在異鄉受人扶助的媽媽，到回台灣後，堅持母乳哺育，並協助其他的媽媽，也能實現親自哺乳的夢想。我要特別謝謝國際母乳會的媽媽們，沒有您們的支持，我和外子也沒辦法走這樣長的路途。

我也要謝謝陳昭惠醫師為台灣媽媽站出立場，由於陳醫師的支持與堅持，讓許多的媽媽，有堅定的信念來餵母乳！隨著在台灣的生活與體驗，我越來越相信 —— 只要堅定信念，一點一滴的經營，在眾人的努力下，夢想可以成真。就像，陳昭惠醫師一樣，一直用她的行動來說明她對母乳哺育的堅強信念！

2000 年 12 月立法通過了「兩性工作平等法」，女人確實可以擁有工作與哺乳的權利。這是一個全新的開始！

在陳醫師的這本書裡，有她多年協助媽媽哺乳的重要本土經驗，是很值得所有懷孕中的媽媽來閱讀的！「母乳最好」—這是千真萬確的事！為自己和孩子一生的幸福，值得一讀再讀。在此懇切的呼籲，每一位即將成為媽媽的孕婦與產婦，「餵母乳」是媽媽與寶寶人權的一部分，您的堅持對自己和孩子，以及您一家後世的子孫健康，都有重要的影響！

一定要為自己堅持，也要為孩子堅持！還有，準超人爸爸們，也一定要看《母乳最好》這本書，「知識就是力量！」您的妻子與寶寶，都需要您用您的正知正見，用您的行動與力量，來支持他們！如果您即將榮陞成「爺爺或奶奶」，最好也看看《母乳最好》這本書，這樣您就可以按書指導兒子、兒媳有關母乳哺育的養孫大事，一家人都一起享受餵母乳的樂趣！讓我們大家一起來加油喔！

母乳最好——來自荷蘭的哺乳經驗

■ 分享者：劉俐元
（現居荷蘭，擔任荷商聯合利華集團總公司人力資源計畫經理）

　　從來就沒想過不餵母乳。迄今我已有了近十個月的餵母乳及近四個月餵配方奶加麥片，以補足寶寶需求的經驗，我仍然沒搞懂爲什麼多數人仍以爲餵母乳很辛苦，餵配方奶較輕鬆。

　　爲什麼從來就打算餵母乳？原因很多。從小就知道自己是吃母乳長大的。媽媽堅信大自然一切安排有其道理，餵母乳天經地義，這深深影響了我們姊妹三人。我的外甥到一歲半才斷奶，他吸吮母乳時快樂自得的模樣，至今仍深深印在我的腦海，如今他是個十分健康快樂的七歲男孩。外子杜博思（Bas Doeksen）是荷蘭人，餵母乳在荷蘭是很正常自然的事，配方奶在荷蘭是不准做廣告的。我拿台灣雜誌上幼兒奶粉的廣告給他看，他直嘆不可思議。

　　我如果不打算餵母乳，外子鐵定會費盡唇舌說服我，或威脅利誘，盼我改變心意。可以想見外子對我餵母乳是多麼地支持。我是不大了解爲什麼會有丈夫不支持妻子餵母乳。最顯而易見的好處是：丈夫不必半夜爬起來幫忙泡奶、洗奶瓶等，需要幫忙的事少了一大項。

　　另外，餵母乳幫助妻子恢復身材，不但體重下降迅速（我目前體重較懷孕前少二公斤，共減了近二十公斤，實是拜餵母乳之賜），而且子宮產道復原狀況也十分理想，丈夫間接受益。如果有丈夫因擔心妻子乳房變醜而反對，那我也不知該說什麼了。我婆婆以自身經驗向我保證，停止餵母乳之後，需要一些時間，乳房是會恢復原狀的。她自己以母乳哺育了三個孩子！

　　整個荷蘭社會對餵母乳這件事，幾乎是以盡道德義務的角度來看待。餵母乳至少三個月（此地產假是產前一個月，產後三個月）是基本狀況。如果未經嘗試餵母乳而馬上喝配方奶，通常少不了要被問為什麼。

　　我自行驗孕確定懷孕後先找家庭醫生。她交代一些注意事項。第二次去看她時，她給了我一分住家附近專業助產士的名單，我們自行聯絡之後，就去進行第一次產檢。以後產檢都是由助產士來做。助產士所接受的專業訓練相當於台灣醫學院護理系的學士學位。「在家生產」在荷蘭十分普遍，除非有醫學上的理由，剖腹產是不可能的（荷蘭的剖腹產率低於5％）。

　　原先我想直接去醫院生產，後來對助產士的專業感到安心，而且胎兒狀況正常，家離醫院不遠，若有狀況再去也來得及，於是我也選擇在家生產。可惜在陣痛了十四小時之後，因子宮開口仍只開了八至九公分，助產士柯莉決定送我去醫院接受催產素點滴，看是否能促使其全開，然後自然生。醫院的助產士接手後，我又經歷了六小時陣痛，試了二小時自然生，最後還是請婦產科醫生用真空吸引器將寶寶吸出來。

　　我那時已三十一個小時未闔眼，寶寶大概也累了，所以在護士把寶寶擦乾淨（此地絕對母嬰同室，護士不帶走寶寶，幫寶寶洗澡或什麼的），依荷蘭慣例，將寶寶交給我，幫我嘗試給寶寶乳頭吸吮時，寶寶顯然並不想吃。一、兩小時後護士建議外子用小湯匙（醫院不用奶瓶以免寶寶拒絕媽媽的乳頭）一口一口餵寶寶一些配方奶，因為寶寶有點不舒服。觀察了幾小時，確定寶寶沒問題之後，我們就回家了。

先生用小湯匙一口一口餵新生寶寶配方奶。第二天專門照顧產婦及寶寶的保母依約來了。這是荷蘭行之有年的一個系統，依個人需要來決定保母來的天數及每天的時間長短，保險公司補助一定金額。保母除了量產婦的體溫、脈搏、檢查傷口（此地不剪會陰，但若有自然裂傷，自當縫合）及子宮復原的情形，最重要的是教產婦餵母乳、如何幫寶寶洗澡，以及一些基本的育兒常識。

開始餵母乳時，的確需要耐心及毅力。耐心是因為自己不知是否真的做對了，必須不斷地摸索練習，寶寶也要習慣吸吮。毅力則是要能忍痛，如果因尚未掌握要領而造成乳頭受傷破皮，餵奶就不是很舒服的經驗了。但比起生產時的陣痛，我個人以為寶寶吸吮時的乳頭不適，實在算不了什麼。

我大概在寶寶出生二星期後，在餵奶時才真正有得心應手的感覺。一開始我採坐姿，結果發現右手抱寶寶吃右邊比用左手抱寶寶吃左邊時要順。使用所謂橄欖球抱法，效果也還不錯。可是抱久了手會酸，而且有時自己也很睏，尤其是半夜，結果發現餵奶的姿勢走樣了。保母一再鼓勵，說我乳頭受傷的情形不算嚴重，她還看過流血還堅持繼續餵的案例呢！

寶寶多吸，奶水愈多

寶寶每天用過的尿布都留下來，待隔天保母檢查過了才丟棄，主要是看寶寶共濕了幾條尿布以及糞便的顏色。

助產士則每隔一天來一次，共來四次。除了看我復原的狀況，也看寶寶吸吮母乳的狀況是否理想，只要糞便的顏色尚未呈金黃色，就表示寶寶吃得不夠多，即使寶寶沒有哭鬧。一天餵八次是基本要求。後來保母及助產士都建議我多餵，一天十次都沒關係，因為要多練習，而且寶寶糞便的顏色不夠金黃，另外寶寶多吸，乳汁多分泌。

保母來的第八天（最後一天），她覺得情況有進步，但仍不夠好，於是建議我找哺乳專家，只是必須付荷幣一百五十元（約台幣二千元），且保險不給付，但哺乳專家當天晚上就願意來。

外子舉雙手贊成，且那天特地早點回家，了解哺乳專家的指示。那時我開始試著躺著餵，覺得比坐著餵要好，比較不累，乳頭也較不痛。寶寶和我在同一平面上，不會有採坐姿用手抱，但手下滑或身體移動，而造成姿勢不對的情形。

哺乳專家檢視我的各個姿勢，基本上我沒有太大問題，她教我要注意寶寶整個下顎，從耳際到喉嚨之間，是否隨著嘴巴吸吮而有動作。有，才代表寶寶確實吸對了，有乳汁吞嚥，而我的乳頭也不痛了。躺著餵，對寶寶及媽媽都是最輕鬆的，我常常隨著寶寶沈沈睡去，舒服得很呢！

我的寶寶吸一個奶的時間從三十分鐘，降到二十分鐘，到後來約七、八分鐘就吸完一邊的奶，他吸奶的技巧顯然更純熟。哺乳專家交代我如果這次寶寶先吸右邊，再吸左邊，則下次就從左邊開始，因為左邊還有上次寶寶未吸完的奶。我特地準備了一個小冊子，每天記下寶寶喝奶的時間，每次喝多久，以及先左邊還是右邊。

這樣做的好處是，可以了解寶寶大概的需求及生理時鐘，通常間隔多久。另外這是一個指標，萬一寶寶病了，也許他會較沒有食欲。記左邊右邊是怕自己忘了，有時一天寶寶吃十次或十一次奶，不記不行。我大概每隔二小時就開始留意寶寶是否想吃，不等他哭，我就餵他奶了。我記了三個月，到開始一個星期上三天班後停止。

荷蘭法令規定哺乳的職業婦女，一天有四分之一的工作時間（約二小時），是可以用來擠奶，或親自餵寶寶奶的。我用電動擠奶器，一天擠二次，每次約二十分鐘，二次間隔約四至五小時，我花在擠奶的時間總共不到一小時。荷蘭很多婦女上班後就不餵母奶了，只餵產後三個月。在我任職的聯合利華公司（Uniliver）鹿特丹總部有很完備的設施，在醫護中心有個房間，有張床，有椅子及洗手台。另外也有冷凍庫可貯存擠出來的奶。

我和另一位同事都覺得上班就不餵母乳了很可惜，因為奶量仍很豐富。她擠了三個月的奶，到她寶寶六個月大時停止，她說她第一次餵寶寶配方奶時，是含著淚的。我在寶寶九個月大時停止白天擠奶，只餵晚上及清晨，幸好我的身體很快就習慣了這個規律，白天就不分泌乳汁了。

　　我因奶量明顯減少而停止白天擠奶，全盛時期擠二次可有近500c.c.的奶，停止擠奶前的一個月就只有120c.c.左右。

十分愉快的享受

　　我仍不打算完全斷奶，我發現吸母乳對寶寶而言，是十分愉快的享受。現在他主要是喝配方奶加麥片，但仍會要找我的乳頭，尤其是他疲累的時候。外子常恨不得他也有對乳房。我上班的第一天，寶寶靠向他的胸膛，很明顯是要找乳頭吃奶，雖然奶瓶裝的是我的奶，寶寶開始仍拒絕，後來外子仿照我躺著餵奶的姿勢，讓寶寶依偎在他胸前，寶寶才慢慢習慣奶瓶。

　　寶寶四個月大時，我依例帶他去「嬰兒諮詢局」檢查他的生長情形。護士說很多寶寶在媽媽上班改餵配方奶之後，身高及體重的生長曲線有下降趨緩的情形，但我的寶寶仍維持原先的上升速率，護士因此很替我高興。嬰兒諮詢局是荷蘭的一個公家機構，阿姆斯特丹人口七十萬，有十三個嬰兒諮詢局散布全市各地，負責照顧嬰兒的整體發展及注射疫苗。

　　寶寶出生後的第二天，諮詢局的護士就登門拜訪，除了填寫寶寶的基本資料在一本會隨著寶寶就學至十八歲為止的個人生長檔案上，另外給我一本小冊子，內容包括照顧嬰兒的注意事項，並詳述嬰幼兒每一個時期大概的發展狀況。她並在小冊子上記下何時至諮詢局給寶寶量第一次體重。那天我像考試放榜時一樣緊張。

　　寶寶當時快滿月了，哺乳專家交代萬一寶寶體重沒有增加，那表示哺乳仍出了問題，我一定要再與她聯絡。

　　幸好一切正常。寶寶出生後十天內掉了約360公克的體重（仍在出生體重的10%的容許範圍），在快滿月時全補了回來，還超過200公克呢！至今他的身高體重仍居80至90%之間，身心發展的整體狀況也很理想。

現在回想起來，剛開始練習哺乳時，是頗緊張的。因為乳頭會痛，就表示寶寶含乳頭的方法不正確，也就是我的姿勢及角度不對，我擔心寶寶吃不夠，又怕自己得乳腺炎，另外初期乳汁分泌時，乳房的皮膚會有一種奇怪的灼熱感，不是很舒服，幸好這個感覺幾天後就沒了。

我因為從來就打定主意要餵母乳，所以從來就沒想過要放棄。保母、助產士、外子、家父及婆婆都一直鼓勵我。我打電話問住在香港的姊姊，又找書看餵母乳的要領說明及圖示。哺乳專家的指示像顆定心丸，知道自己離成功不遠矣！

寶寶現在十個月大了，多半還是和我及外子同睡一張床，坦白說，那是我每天覺得最幸福的時刻。開始會讓寶寶睡身邊是方便半夜餵奶，而且寶寶偶有不適時，也方便安撫。餵母乳真的是安撫寶寶最好的方法。他在吸奶的同時，感受到我的體溫，聽到我的心跳，他常一隻手放在我胸前，或抓住我的手。他二個多月大時，會吸奶時停下來，對我笑一笑再繼續。

孩子半夜叫醒我的方法，是靠近我找我的乳頭，有過幾次是外子叫醒我，因為寶寶找到他身上去了。寶寶很少因肚子餓而哭鬧，因為我們隨時在他身邊，且餵母乳是十分及時的，寶寶不需要等。

人說母子連心，我深深覺得餵母乳強化了寶寶和我之間的默契。他深深地依賴信任我，我深深地愛戀他。每當下班回到家，他一看到我就興奮地手舞足蹈，即使他半小時前才吃過東西，他仍用力地吸我的奶 — 無庸置疑，母乳最好！

餵母乳，讓孩子贏在起跑點！

■ 分享者：曾心怡
（現職爲小兒科藥劑師，桃園母乳聚會帶領人。）

當晚婚的我終於如願的懷孕之後，我就開始計劃如何養育寶寶，因爲這是在我殷殷期盼下來到的寶寶，我打算盡可能給他一切最好的，在生命最初的營養來源自然也不例外，身爲醫藥專業人員十分明白母乳的好處，所以我選擇了餵母奶。

然而，在我表明要餵母乳之後，家人就不斷質疑我是否有足夠的奶水，而且當時我仍在上班，產假結束後回到工作崗位，若要繼續餵母乳，白天就要擠奶先冷凍起來帶回家，隔天再請照顧者將母奶解凍溫熱後餵寶寶。基本上只要媽媽有心擠奶也並不是難事，但是家中長輩強烈質疑冷凍過之母乳的安全性，反對我如此養育孩子，要我改餵配方奶粉，所以在產前家裡只要一提及將來寶寶的餵養方式就是爭吵不休。

生產時我選擇一家頗具規模的教學醫院，該醫院基本上是推廣哺餵母乳的。但是當我在待產室受到一波波陣痛襲擊時，護士在門外問我的先生，要給寶寶喝什麼牌子的奶粉，先生回答我們打算餵母奶，身爲接觸產婦第一線人員的護士竟然回答：「剛生產完的前三天一定沒奶水，還是要餵奶粉！」不知如何和護士辯駁的先生，只好選擇由醫院安排，在住院那三天中讓護士們餵寶寶喝配方奶粉。

有效克服問題

我算是相當幸運的，在剛開始餵母奶時奶水分泌順利，寶寶出院回家後也適應得不錯，偶而會發生乳頭被寶寶吸破皮的情形，還好也不太嚴重，咬著牙忍著痛也就繼續餵下去。後來我才知道我常常躺著餵奶餵到自己不

知不覺睡著了，衣服也沒穿好就讓乳房整個暴露在空氣中，其實這正是一個修復受傷乳頭的好方法。

在我哺餵母乳的過程中，所碰到最大的難題，是在我結束產假回去上班之後，當時幫我照顧寶寶的娘家媽媽，已勉強同意讓寶寶喝擠出來冷凍後再解凍的母奶，所以我白天在公司利用空檔時間擠三次奶，而寶寶白天就用奶瓶喝奶，晚上我回家後則直接餵奶。

剛開始的兩個禮拜寶寶還能接受這種安排，但大約在寶寶快滿 3 個月時，每當周末假期結束開始上班的週一，寶寶就會出現乳頭混淆的情形，寶寶白天會哭著不肯吸奶瓶，最嚴重時曾經長達三天都不願意用奶瓶喝奶，寧願餓著肚子等我下班回家。

我的寶寶天生大嗓門，哭聲驚人，堅持度又高，造成照顧者很大的困擾，而我當時的工作地點離家遠，一天上班時間包括來回車程要 12 小時，在幫我照顧寶寶的媽媽不斷叨唸及我實在心疼寶寶如此可憐的情形下，狠下決心辭去工作在家全心帶孩子，畢竟寶寶的成長只有這麼一次。

其實那時候寶寶也並非完全不肯喝奶瓶，如果能夠抓準了寶寶將入睡或剛睡醒的精神恍惚時刻，寶寶因為肚子餓還是會喝奶的。後來我也發現還有用杯子及湯匙餵奶的方式，只不過這些都必須要照顧者願意配合才行，所以上班族媽咪要繼續餵母奶一定要作好事前的溝通。

我女兒現在 15 個月大了，體重都維持在 97 百分位以上，身高也有 90 百分位，一直都是個壯寶寶。

10 個半月時開始學放手走路，現在有時調皮起來跑得飛快呢！而開始牙牙學語至今，會運用的字彙已達 50 個之多，所有的發展都很令我自豪。平時非常黏我但卻也不怎麼怕生，是周圍鄰居最愛逗弄的小可愛。若有旁人問起我是如何把寶寶養得這麼好，我一定回答：「餵母奶囉！」

老公的支持，是成功關鍵

在這 15 個月以來，我深深感到現在年輕的台灣媽媽若要成功的哺餵母乳，媽咪本身的堅持度及家人（尤其是先生）的支持很重要，因為台灣

社會缺乏對哺餵母乳的支援系統及概念，若最親密的先生能夠給予太太精神上的支持及多分擔家事，新手媽咪也才能更有毅力的繼續餵下去。

在這方面我很感謝我先生不僅平常作了許多家事，並且他也很認真的研讀許多有關母乳的資料，當婆家對餵母奶有任何意見時，都是由他一人抵擋下來的。

曾經在書上看到，一個國家的母乳哺育率和該國的開發程度息息相關，這表示在已開發國家中，除了國民的知識水準都達到能充分了解母乳的好處之外，政府方面也要有關完整的配套措施，來實際幫助國民哺餵母乳。

就拿日本來說好了，不僅有許多醫院已真正做到了母嬰同室，住院時會有專門的助產士來教導新手媽咪如何餵母奶。而出院之後也有鄉鎮衛生單位的護理人員到府訪視指導，在托兒所裡的專業保母，也具備有替媽媽餵寶寶喝擠出來的母奶的知識及經驗。

另外，如果餵母奶過程中，碰到了問題不知如何解決時，除了詢問到府訪視的護理人員之外，還有一個已經成立 14 年，由日本 20 多名小兒科醫師及醫學院教授所組成的「母乳推廣會」，接受媽媽們以電話諮詢，對於現代社會中核心家庭裡的媽媽們助益良多，也大大提高了母乳哺育率。像日本太子妃生女也是自己餵母奶，給了國民最好的示範作用，相信會使日本年輕媽媽更有餵母奶的意願。

身為實際餵母奶的媽媽，深深體會到餵母乳的種種好處，也真誠的希望台灣媽媽們能多多哺餵母乳，就像有位母乳媽咪說的：「餵母乳，讓我們的孩子都贏在起跑點上！」

國家圖書館出版品預行編目資料

母乳最好修訂版／陳昭惠作. -- 第一版. -- 臺北市：新手父母，城邦文化出
版：家庭傳媒　城邦分公司發行，2010.06　　面；　公分. -- (育兒通系
列；SR0054)　　ISBN 978-986-6616-50-1(平裝)

1. 母乳餵食 2. 育兒

428.3　　　　　　　　　　　　　　　　　　　　　　　　99007002

母乳最好最新修訂版

作　　者／陳昭惠
企劃責編／陳雯琪

業務經理／羅越華
行銷業務／洪沛澤
行銷副理／王維君
總 編 輯／林小鈴
發 行 人／何飛鵬
法律顧問／台英國際商務法律事務所 羅明通律師
出　　版／　新手父母出版
　　　　　　城邦文化事業股份有限公司
　　　　　　台北市中山區民生東路二段141號8樓
　　　　　　電話：(02) 2500-7008　傳真：(02) 2502-7676
　　　　　　E-mail：bwp.service@cite.com.tw
發　　行／英屬蓋曼群島商家庭傳媒股份有限公司城邦分公司
　　　　　　台北市中山區民生東路二段141號11樓
　　　　　　讀者服務專線：02-2500-7718；02-2500-7719
　　　　　　24小時傳真服務：02-2500-1900；02-2500-1991
　　　　　　讀者服務信箱 E-mail：service@readingclub.com.tw
　　　　　　劃撥帳號：19863813
　　　　　　戶名：書虫股份有限公司

香港發行所／　城邦（香港）出版集團有限公司
　　　　　　　香港灣仔駱克道193號東超商業中心1F
　　　　　　　電話：(852) 2508-6231　傳真：(852) 2578-9337
　　　　　　　E-mail：hkcite@biznetvigator.com
馬新發行所／　城邦（馬新）出版集團 Cite(M) Sdn. Bhd. (458372 U)
　　　　　　　11, Jalan 30D/146, Desa Tasik,
　　　　　　　Sungai Besi, 57000 Kuala Lumpur, Malaysia.
　　　　　　　電話：(603) 90563833　傳真：(603) 90562833

封面設計／徐思文
內頁設計排版／鍾如娟
製版印刷／卡樂彩色製版印刷有限公司

2008年5月初版
2010年6月15 日增訂版1刷　　　　　　Printed in Taiwan
2017年8月22 日修訂版1刷
定價380元
ISBN 9789866616501
NAN 4717702900786

城邦讀書花園
www.cite.com.tw